vmn

Das *merkwördige* Wörterbuch

Das *Autofahrer* Schimpfwörterbuch

Verbaler Crashkurs ab vier Räder aufwärts

von Dieter Kleeberg

Verlag Michaela Naumann

Gesamtherstellung: Danuvia Druckhaus Neuburg GmbH,
86633 Neuburg/Donau

Die Titelseitenzeichnung stammt von
Lars Contzen.

Die Deutsche Bibliothek — CIP-Einheitsaufnahme
Kleeberg, Dieter:
Das Autofahrer Schimpfwörterbuch / von Dieter Kleeberg
Nidderau: Naumann, 1994 (Das merkwördige Wörterbuch; Bd. 4)
ISBN 3-924490-49-X

KREBSER
!...
DRÄNGLER
!...
HU N

Die Fahrer und Autos vor, neben und hinter Ihnen

Die folgenden Begriffe sind für all die Menschen gedacht, die nichts anderes im Sinn haben, als Ihnen tagtäglich das Autofahren zu vermiesen, sowie für all die Vehikel, die etwas von der Norm abweichen.

A

Aas
Ob dreckig oder nicht – dem würde man am liebsten die Karre demolieren! (Als besonnener Autofahrer machen Sie so was natürlich nicht, auch wenn's juckt!)

Aasgeier
Er hat sein Nest in Bonn und kreist von dort aus über der Republik. Es hat hier aber keiner was vom Verkehrs- und vom Finanzminister gesagt.

Abflieger
Stellt seine Flugtauglichkeit gern unter Beweis, wenn er solche Schilder wie »Ende der Ausbaustrecke«, »Kurvenreiche Straße« oder »Verwechslungsgefahr Fahrbahn – Wasserfläche« übersieht.

Abflugkandidat
Ahnungsloser Autofahrer beim Heranfahren an eine Ölspur.

Abgasheini
Stört gern durch stundenlanges Basteln am unter Vollgas laufenden Motor die sonntägliche Ruhe.

Abgasschnüffler
Der scheint süchtig nach den Abgasen des Vordermannes zu sein, weil er so dicht auffährt.

Abgebrühter
Wenn man sich durch Hupen oder sonstwie über seine freche Fahrweise beschwert, erntet man höchstens sein dämliches Grinsen oder den Autofahrergruß.

Abortdeckel
Ausdruck der Neidischen für die Flügeltüren an einem Zweisitzer der gehobenen Preisklasse.

Abschleppauto
Eine Kiste zum Angeben, um die Girls reihenweise abzuschleppen. Bevorzugte Standplätze sind Discoschuppen und Volksfeste. Um allen Lärm zu übertönen, läuft der Motor dauernd im Standgas und ohne Schallschutz am Auspuff.

Abstauber
Wenn zwei Autofahrer nach einem Zusammenstoß aufeinander losgehen, kommt der *Abstauber* und klaut inzwischen Autoradio, Brieftasche, Klamotten ...

ABV
Nicht etwa der »Abschnittsbevollmächtigte« – so wurde der Sheriff in der DDR genannt –, sondern der *Arbeiter-und-Bauern-Volvo*, also der Trabant. Dazu muß man wissen, daß die DDR in den 70er/80er Jahren von insgesamt vier »Westwagenlawinen« – jeweils von einem anderen Fabrikat – überrollt wurde. Privilegierte Funktionäre und neureiche Handwerksmeister konnten sich damals eben einen *Volvo* (anfänglich für über 60 000 Mark), einen VW Golf (Witz: Warum ist es jetzt im Winter in der DDR wärmer als früher? – Weil sie seit kurzem am Golfstrom liegt!), einen Citroen (für Honi ein gepanzerter SM) oder einen Mazda 323 anschaffen. Eine besondere Häufung trat damals in Berlin auf; die entsprechenden Kennzeichen IBM und IBN wurden von *ABV-Fahrern* nicht ohne Neid als »Ich bin Millionär« und »Ich bin neureich« interpretiert.

Achtersteven
Wenn ein Auto nach einem Flug von der Steilküste gerade in den Fluten versinkt, dann schaut nicht bis zuletzt die Kofferklappe, sondern der *Achtersteven* aus dem Wasser.

Affenarsch
Manche regen sich beim Fahren so sehr über die anderen auf, daß sie ein hochrotes Gesicht bekommen und aussehen wie ein *Affenarsch.*

Affenkäfig
Der Trabant – weil er so eng ist und die Leute aus Mitleid immer Futter reinstecken.

Alf
Keine Frage, wo der seinen Führerschein gemacht hat: Irgendwo hinterm Mond!

Alki
Warum der Schlangenlinien fährt? – Er weicht doch nur den Schlaglöchern aus, damit er nichts vom *Allehohl* verschüttet!

Almdudler
Melodiehupen mit dem Erzherzog-Johann-Jodler.

Alter
Was nicht heißen muß, daß der auch weise ist. Aber stolz ist er darauf, daß er mit »freiwillig 30« außerhalb geschlossener Ortschaften noch nie einen Unfall hatte. Und da heißt es, Rentner hätten niemals Zeit!

Amokfahrer
1. Zeigt der ganzen Welt, daß das Auto auch eine Waffe sein kann.
2. Teilnehmer an illegalen mitternächtlichen Wettfahrten mit geklauten Autos.
3. Attentatsopfer mit überbrückter Zündung, klemmendem Gaspedal und durchgeschnittenen Bremsschläuchen.

Ampelignorant
Fährt bei Rot durch oder bei Grün nicht los, weil er immer seinem Prinzip treu ist, anders als die spießige Masse zu sein.

Ampelnase
Müßte von jeder anderen Ampel zu unterscheiden sein: Je nach Alkohol-Level leuchtet seine Nase rot, gelb oder grün; letzteres ohnehin am nächsten Morgen.

Anfänger
Kein Anfahren ohne *Abwürgen* – daher an der Heckscheibe das »A«, damit der Nachfolgeverkehr auch noch nach drei verstrichenen grünen Ampelphasen ruhig und gefaßt bleibt.

Angeber
Tut so, als könne er sich sogar die Vorfahrt kaufen, dabei langt's nicht mal fürs Benzin.

Angsthase
Traut sich nur sonntags morgens von sechs bis neun Uhr auf die Straße.

Anwohner
Stellt sich aus reiner Bosheit auf die normalen Parkplätze statt auf die für ihn freigehaltenen, für die er auch noch bezahlt hat.

Äppelkahn
Einer aus der Schnellfahrerzunft der Landwirte: Traktor mit Anhänger.

Armleuchter
Das sind keine Zusatzscheinwerfer, sondern Autofahrer, die so beängstigend fahren, als hätten sie brennende Kerzen in beiden Händen.

Arsch mit Ohren
Baut Spoiler, Flügel und andere überflüssige »Segelohren« an sein Auto, weil er so gern abhebt.

Arschkriecher
Immer der, der aufgefahren ist. (Hat auch allen Grund, schön Wetter zu machen!)

Ars vivendi
Die Kunst zu (über)leben – vor allem dann, wenn man sich ein superschnelles Auto leisten kann.

Asphaltblase
Kraftfahrzeug, das von der Größe her kaum von den Blasen des Straßenbelags im Hochsommer zu unterscheiden ist.

Aufmischer
Letzter bei einer Massenkarambolage.

Aufreißer
1. Cabriofahrer auf Mädchenjagd.
2. Einer, der an engen Stellen nicht einschätzen kann, wie breit sein Auto ist.

Augen-TÜV
Sehtest vor der Führerscheinprüfung.

August
Ob er jemals die Theorieprüfung schafft? Und falls doch, dann Gnade dem Fahrprüfer! Und uns allen!

Ausgekochter
Schlitzohr, das immer in der Spur fährt, in der man schneller vorwärtskommt.

Auspuffmieze
Antiquierte, aber immer noch gebräuchliche Bezeichnung für Motorrad-Sozia.

Außenseiter
Es soll Leute geben, die einfach nicht für voll genommen werden. Die haben dann auf der Autobahn mal richtig Gelegenheit, durch notorisches Linksfahren die geschätzte Aufmerksamkeit zu erregen.

Autofahrergruß
Erklärung überflüssig – kennt jeder! Wenn nicht, fragen Sie mal Herrn Effenberg. Der kennt so ähnliche Sachen.

Autofahrerpartei
Endlich mal ein paar beherzte Leute, die sich für den entrechteten Autofahrer einsetzen und ihn nicht ständig zur Kasse bitten würden!

Autoknacki
No job, no future – was liegt da näher, als Autos zu knacken und illegale Rennen damit zu fahren, Bäume anzuschlagen oder zumindest das Radio mitzunehmen? Die Hitliste in Deutschland führt übrigens der Trabi an – vielleicht deshalb, weil man da zum Knacken nur eine Papierschere braucht ...

Automafia
Zumindest die *Automafia* weiß deutsche Wertarbeit noch zu schätzen. Je teurer oder seltener das Auto, um so höher die Wahrscheinlichkeit, daß sich die *Automafia* dafür interessiert. Vielleicht entdecken Sie ihren Audi, BMW, Mercedes, Opel, Porsche oder VW auf einem Ausland-Trip wieder? Viel Glück!

Automarder
Aus Autos gibt es viel zu holen! Brechen wir sie auf!

Autopicasso
Nicht Lack, sondern Ölfarbe muß es bei ihm sein, die das Auseinanderfallen des Vehikels verhindern soll.

Autopilot
Falsch verstandener Tempomat. Gelenkt werden muß schon noch, doch das scheint einigen nicht ganz klar zu sein.

B

Baby an Bord!
Wenn Vordermann/-frau so langsam fährt und dann noch diesen Aufkleber dran hat – logisch: Hier sitzt das Baby selbst hinterm Steuer!

Baby-Face
Mit 18 einen BMW für 60 000 Eier fahren – den muß er sich ja schwer erarbeitet haben!

Ballonkopf
Sieht durch die Heckscheibe aus wie die bis an den Autohimmel reichende Sitzlehne, durch die Frontscheibe wie ein orangeroter Kürbis.

Bankert, Bastard
Vater war Schrotthändler, und Mutter ist zehnmal durch die Führerscheinprüfung gerasselt.

Bartel
Lkw-Fahrer mit Getränkekisten hinten drauf. Er weiß offenbar, wo es den Most zu holen gibt.

Bauer
Fährt so, als würde er einen Traktor auf dem Acker bewegen. (Ansonsten nichts gegen Landwirte! Auch wenn sie mit ihren Traktoren den Verkehr aufhalten – besonders dann, wenn man es eilig hat –, die Felder bis zur Ohnmacht des Autofahrers mit Jauche besprengen oder während der Erntezeit den Asphalt mit Lehm überziehen, gäbe es ohne sie nichts zu essen!)

Baumschule
»Sie haben wohl Ihre Führerscheinprüfung in der *Baumschule* absolviert?!« meinte der Polizist, als er die Papiere eines Autofahrers überprüfte, der gerade an einer Eiche gescheitert war und seinerseits den Polizisten fragte, warum er so grün aussehe.

Bengel
Papi hat ihm zwar den Führerschein und den Porsche verschafft, aber nicht die Verkehrsmanieren beigebracht. –
Übrigens: Ex-Verkehrsminister Krause hat seinem 16jährigen Sohn die Führerscheinprüfung in den USA (dort geht das wirklich in diesem Alter) finanziert, und die sonst so pingeligen deutschen Behörden haben's abgenickt, daß er damit auch in Deutschland herumkurven durfte. Beziehungen schaden eben nur dem, der keine hat oder der von so einem *Bengel* umgenietet wird.

Benzinkutsche
Alles, was einen Otto-Motor hat und damit lärmt und stänkert.

Besen
Wo der entlang brettert, ist die Straße hinterher wie leergefegt – weil alle aus Angst um ihr Fahrzeug nach links und rechts ausgewichen sind.

Betbruder, Betschwester
Kategorie von Autofahrern, die keine Ahnung von den Verkehrsregeln haben und deshalb immer erst ein Gebet sprechen, ehe sie dann mit Gottvertrauen über die Kreuzung fahren.

Betrüger
Das ist keiner, der einen um die Vorfahrt betrügt, sondern so ein Windhund, der solche Autos verkauft, die schon nach einem Kilometer Stoßstange und Lenkrad verlieren.

Beutelschneider
1. Der Finanzminister mit seiner Mineralölsteuer. Und die armen Tankstellenpächter müssen sich das Geschimpfe der Autofahrer anhören.
2. Alle Autoversicherer.

Blasius
Atemluft-Alkoholtester, den man immer von solchen grünen Männlein am Straßenrand gereicht bekommt.

Blaumeise
Hüpft fröhlich zwitschernd von Falschparker zu Falschparker und hinterläßt etwas Unfeines auf der Windschutzscheibe.

Bleifreitrinker
Keine Sorge, der trinkt kein Benzin. Das ist ein *Brummifahrer*, der immer einen Kasten alkoholfreies Bier an Bord hat.

Blei*frei*fuß
Die neue *Bleifuß*-Generation? Nein, denn Vollgas ist »mega-out«, sparsam und bleifrei sind »giga-in«.

Bleifuß
Seine größte Sorge ist, daß der Anschlag vom Gaspedal nicht wegbricht.

Blender
Legt wahrhaftig viel Wert auf den äußeren Schein! Es soll doch Autofahrer geben, die nicht wissen, daß nachts bei Gegenverkehr abgeblendet werden muß. Abgesehen davon blenden solche Ochsen genauso, deren Scheinwerfer seit einigen Jahren nicht richtig eingestellt sind.

Blindgänger
1. Fahrschüler in der achten Wiederholungsprüfung.
2. Autofahrer nach dem sechsten Totalschaden.

Blindparker
Finden garantiert immer einen freien Parkplatz: in einer Einfahrt. Und wenn man sie abschleppen läßt, müssen die's noch nicht mal bezahlen!

Blindschleiche
Manche kämen schneller vorwärts, wenn sie liefen.

Blöder Hund
Diese Kollegen parken in der zweiten Reihe und verschwinden dann für eine Stunde, um »kurz« mal etwas auszuladen.

Blödmann
Eines der am häufigsten gebrauchten Universalschimpfwörter im Straßenverkehr. Das hat zwei Gründe: Erstens gibt es Unmengen *Blödmänner*, und zweitens fehlte bisher ein passendes Schimpfwörterbuch, um für den *Blödmann* das jeweils treffende Schimpfwort zu finden!

Bluthund
Autofahrer der aggressivsten Sorte; nimmt auch Unfälle in Kauf, nur um fünf Minuten früher am Ziel zu sein.

Bock
1. Leicht an den kurzen Sprüngen beim Anfahren zu erkennen.
2. Arbeitsplatz des *Brummifahrers*.

Bonsai
Wäre besser im Tretauto aufgehoben. Da kann er wenigstens über das Lenkrad schauen und muß nicht mit den Händen die Pedale bedienen.

Bonze
Hüten Sie sich vor blechverbiegenden Kontakten mit Limousinen, die einen verlängerten Radstand und einen Extra-Chauffeur haben. Sie können davon ausgehen, daß da im Fond einer sitzt, der Sie in solchen Situationen über den Tisch zieht.

Bonzenkaravane
Konvoi von schwarzen Limousinen, meistens von Polizei-Motorrädern eingerahmt. Politiker, Unternehmer, Top-Manager – egal wer drin ist – die werden schon einen Grund haben, sich so abschirmen zu müssen.

Bordsteinschwalbe
Hat am Autostrich ihr Nest und flattert von Auto zu Auto.

Bosnickel
Der Jähzorn in Person. Er kann es nicht leiden, wenn man ihn überholt oder anhupt. Dann läßt er sich zu schlimmen Dingen hinreißen!

Boxer
Besondere Kennzeichen: Boxer-Nase, Boxer-Shorts, Boxer-Motor unter der Haube seines Sportwagens.

Breitarsch
Läßt keinen vorbei, weil er die volle Breite der Fahrbahn beansprucht – und wenn's drei Fahrspuren sind! (Wie das geht? Immer schön links fahren!)

Bremser
1. Er steht nicht im Stau, er verursacht ihn.
2. Bei Gelbverdacht leitet er eine Vollbremsung ein.
3. Er bremst, nur weil in der Nebenspur jemand bremst.

Brezelkäfer
Der erste VW Käfer, der in der Bundesrepublik Deutschland gebaut wurde. Brezelartig waren das ovale geteilte Heckfenster und die erhabene Fronthaubengestaltung. Nur ... reinbeißen würde ich nicht!

Brotfahrer
Dafür hat's gerade noch gereicht ...

Brüllaffe
1. Tobt und schreit ununterbrochen, auch wenn er ganz allein im Auto sitzt.
2. Dann doch lieber der Werbeträger für eine japanische Autofirma: »Nichts ist unmöglich – Toooyooo-taaa!«

Brummifahrer
Liebevolle Bezeichnung für den Trucker – aber wehe, er schert aus, ohne vorher zu blinken! Dann kracht es, daß es nur so brummt!

Brunser
1. Pinkelt auf Autobahnrastplätzen ins Grüne, weil er zu faul ist, die zwanzig Meter zum WC zu laufen.
2. Sein Auto ist auch nicht besser: Ständig verliert es Öl und Wasser.

Brutkasten
Auto mit dunkler Karosserie und dunklen Sitzen nach fünf Stunden in der prallen Sonne. (Bleibt zu hoffen, daß es sich dabei nicht um ein Pietätsfahrzeug handelt.)

Büchsenöffner
1. Ist auf den Diebstahl von Kleinwagen spezialisiert.
2. Autoschlüssel für den Kleinwagen.

Büffel
Riesenrindvieh mit Drang zum Frontalaufprall.

Bulle
Sitzt des öfteren gelangweilt in grün-weißen Autos herum und hat ansonsten die Angewohnheiten,
1. bei Rot über die Kreuzung zu fahren – zwar mit Sondersignal, aber ohne sonderlich zu schauen oder zu bremsen;
2. auch bei geringstem Verkehrsaufkommen an sonst stark befahrenen Autobahnabschnitten Radarkontrollen zu veranstalten;
3. am Morgen des Aschermittwochs unbescholtene Autofahrer um Restalkohol anzubetteln;
4. harmlose Zügigfahrer bei geringfügiger Geschwindigkeitsübertretung festzunageln und bei notorischen Rasern wegzuschauen;
5. bei läppischen Auffahrunfällen (wenn er da überhaupt noch kommt) erst alle Daten aufzunehmen, anstatt zuerst die blockierte Fahrspur räumen zu lassen. Wer meint, das sei überhaupt nicht typisch für die vielen netten *Bullen*, der sollte unter P wie *Polizist* nachlesen.

C

Car Wars
1. Landläufig für Massenkarambolage.
2. Geschmackloses Video (genauso wie *Bike Wars*), das sich an zum Teil bösen Unfällen aus dem Rennsport ergötzt.

Casanova
Benutzt das Auto (meist Cabrio) nur zur Anmache: lächelt Damen im Auto daneben zu, bevorzugt besonders langen Auspuff als Phallus-Symbol. Sollte sich dabei doch mehr auf den *Straßen*verkehr konzentrieren!

Chaot
Hält sich an keine Verkehrsregel – vielleicht kennt er sie auch gar nicht?

Chauvi
Ist besonders von dem Vorurteil »Frau am Steuer!« geprägt.

Crash is cash
Unternehmensphilosophie der Abschleppfirmen.

Crashkurs-Teilnehmer
Was im Berufsleben Erfolg bringt, läßt sich nicht so einfach auf den Straßenverkehr übertragen. Es sei denn, es handelt sich ums Lesen dieses herausragenden Schimpfwörterbuches.

D

Dackel
ER muß immer ganz still hinten sitzen, wenn SIE fährt. SIE wird schon wissen, warum!

Dämel
Dämlicher kann man sich nicht beim Parken anstellen: Mit Vollgas vorwärts in die Riesenlücke bis zum Anschlag, dann rückwärts bis zum Anschlag – ja sind wir denn in Frankreich?

Dampframme
Styling und Fahrgeräusch dieses Gefährts lassen jede Eleganz und Zurückhaltung vermissen ...

Daumenlutscher
Irgendwann hat man ihm wegen ständigen Daumenlutschens die Dinger endlich abgeschnitten. Seitdem verwechselt er ohne diese Merkhilfen (rechts ist da, wo der Daumen links ist) immer rechts und links – wie soll er sich da erst »rechts vor links« merken?

Depp
Besonders in Süddeutschland beheimateter Autofahrertyp; fährt noch nach 20 Jahren Fahrpraxis wie ein Fahrschüler.

Deutschland
1. Land der Straßenbaustellen. Alle 20 Autobahnkilometer eine Baustelle ohne ersichtliche Notwendigkeit, obwohl angeblich kein Geld da ist. Und Baustellenumleitungen auf Landstraßen werden grundsätzlich zu spät angezeigt; man könnte ja aus Versehen eine andere, kürzere Route rechtzeitig wählen, anstatt der umständlichen Ausschilderung zu folgen.
2. Land der fehlenden Ortsumgehungen. »Liebe Bürger! Ihr wolltet eine Ortsumgehung? Gut, dann treffen

wir uns am nächsten Freitag um 18 Uhr vorm Wirtshaus. Wanderkleidung nicht vergessen!«
3. Land der höchsten Versicherungsbeiträge. Liegt das an den vielen Unfällen oder vielleicht doch an der Geldgier dieser *Beutelschneider*? (siehe dort unter 2.)
4. Land der hohen Benzinpreise. Früher war da Blei drin – heute muß es wohl Gold sein!
5. Land der Freiheit. Kein Tempolimit auf Autobahnen, aber ständig Begrenzungsschilder.

Designer-Auto
Das hat nicht jeder! Zu den gekonnt zerissenen Jeans paßt eben nur ein Vehikel mit dezenten Beulen und extravaganten Rostlöchern.

Dickschädel
Nichts kann in davon abbringen, von der Überholspur nach rechts zu weichen.

Diesel-Stänkerer
Kennen Sie auch dieses Brennen in den Augen und diese Atemnot, wenn vor Ihnen ein Auto seinen Diesel-Gestank in Ihre Lüftung bläst? Das hat dieselbe krebserzeugende Wirkung wie eine Schachtel Zigaretten. Also, Herr Gesundheitsminister, wo bleibt der Hinweis auf allen Dieselfahrzeugen, daß deren Auspuffqualm die Gesundheit gefährdet? Immerhin weiß das Umweltbundesamt: Alle in Deutschland zugelassenen Diesel-Pkw zusammen produzieren fünfmal mehr Ruß als die ungleich zahlreicher vertretenen Benziner; die Lkw rußen sogar 17mal besser.

DJ
(sprich: Dihdschee) In seinem Auto geht's zu wie in der Disco: dumpfe rhythmische Schläge, Soundwolke, ab und zu Zuckungen und Schreie – ansonsten kein akustischer Kontakt zur Außenwelt mehr. Bei nächtlichen Fahrten gelingt es ihm nicht selten, eine ganze Stadt aufzuwecken.

Dödel
Nach der dritten Fahrstunde hat er bereits drei Autos und zwei Fahrlehrer auf ihren jeweiligen Friedhof gebracht.

Doldi
Nach der 87. Fahrstunde beherrscht er gerade mal das Blinken und Scheibenwischen. Dafür aber perfekt.

Doping-Sünder
»Was für mein Auto das Tuning, ist für mich das *Doping*«, dachte er und zog sich einen Joint rein. »Fährt sich gleich viel schneller – und überall Vorfahrt!«

Dorftrottel
Hüten Sie sich vor ihm bei ländlichen Ortsdurchfahrten! Er kommt gern rückwärts mit 50 Sachen aus der Hofausfahrt raus.

Döskopp
Schwebt mit konstant 40 km/h über die Straßen und scheint mit offenen Augen zu pennen.

Dragster
Geschoß mit Rekord-Beschleunigung, stichflammenartigem Rekord-Kraftstoffverbrauch, Rekord-Lärm und rekordverdächtig beschleunigungssüchtigen Piloten. (Kunstwort aus Dragon und Roadster.)

Drängler
7er BMW, 500er Mercedes, Big Audi und leider viele andere mehr – denn Zeit ist Geld, und wer viel Geld hat, sollte das auch mit einem Auto zeigen, mit dem man Ärmere wegdrängeln kann.

Drauffahrer
Er zahlt.

Draufgänger
Der wird noch sehen, was er davon hat ... Hoffentlich *gehen* nicht erst andere *drauf*!

Dreckbein
Zu seinem *Bleifuß* (siehe dort) kommt noch eine Portion Unverschämtheit hinzu.

Drecksau
Seit er das Auto vor fünf Jahren gekauft hat, ist es – außer bei Regen – nie mit Wasser in Berührung gekommen.

Dreckschleuder
Antiquierter Diesel-Lkw – die Auspuffanlage wäre ein Fall für Greenpeace. Schließlich muß es ja nicht sein, daß Mensch und Tier halbtot vor Begeisterung umfallen, wenn er vorbeifährt.

Dreckschwein
Sein Auto wäscht er mit Regenwasser aus dem Rinnstein, und wenn er eine Dreckpfütze sieht, dann fährt er voll durch und verschafft allen Umstehenden eine kostenlose Dusche.

Dreikäsehoch
Im neudeutschen Sprachgebrauch auch *Triple Cheeseburger* genannt. Kann kaum übers Lenkrad schauen, belehrt aber dauernd andere Autofahrer mit Hupe und Lichthupe, von – wegen der Größe aber kaum zu erkennenden – eindeutigen Handzeichen ganz zu schweigen.

Dreirad
Wenn man manche so fahren sieht, sollte man ihnen einen Einsteigerkurs auf einem *Dreirad* empfehlen! Aber nichts gegen Kabinenroller!

Dummbeutel
Testet regelmäßig die Reichweite seines Autos, indem er den Tank leerfährt – natürlich in einer Gegend, wo es keine Tankstelle gibt. Und dann muß er mit dem Kanister losziehen (»I'm walkin' ...«), bis er so eine blaue Tankstelle findet.

Dummes Schwein
Nimmt sich alle Rechte heraus und zeigt einem dann auch noch den Mittelfinger. Siehe auch *selten dummes Schwein*.

Dummkopf
Scheitert ständig an der Theorie-Prüfung in der Fahrschule. Zum Beispiel an der Frage: Wieviel Liter Bier darf ich trinken, wenn ich danach die gleiche Menge schwarzen Kaffee trinke und erst dann losfahre?

Dummschwätzer
Er kann ja schwatzen, was er will – ein strammer Polizist läßt sowieso keine Ausreden gelten.

Dussel
Daß der überhaupt die Fahrschule *betreten* durfte ...

E

Eckenstoßer
Heute stehen aber wieder verdammt viele Ecken vor, denkt er immer beim Einparken. Sein Auto hat übrigens genauso viele Beulen wie er selbst.

Egoist
Leider viel zu häufig anzutreffender Autofahrertyp: läßt niemanden in die Kolonne (bestenfalls hinter sich), drängelt sich aber selbst vor (indem er links an der stehenden Kolonne vorbeifährt und sich zumindest hinter dem Kolonnenführer einzuordnen versucht, wobei er die Linksabbiegerspur blockiert), tankt an der ersten Zapfsäule (obwohl die vier dahinterliegenden noch frei sind und sich hinter ihm schon eine Riesenschlange gebildet hat), braucht beim Parken Platz für zwei Autos, fährt auch bei Gegenverkehr mit Fernlicht, schimpft am lautesten über die anderen.

Eierfeile
Etwas zu hart gefedertes Auto mit zudem harten Sitzen. Bei der Bundeswehr besonders beliebtes Fortbewegungsmittel.

Einachser
Tritt immer paarweise auf, wenn das Auto in der Mitte auseinandergefallen ist – für die Insassen höchst unangenehm.

Einbahnstraßenselbstmörder
Was bedeutet nur dieses runde rote Schild mit dem weißen Balken?

Eisenschwein
Noch ein Gefährt aus der Bundeswehr mit dem Fahrkomfort einer *Eierfeile*, allerdings rundrum mit Stahl und Blei verkleidet.

Enfant terrible
Blutigster Anfänger mit zwei Tage altem Führerschein. Und dann geht's mit Papas Auto ab nach Spanien.

Erbsenzähler
Stellt schon dann einen Strafzettel aus, wenn das Auto nur mit der Stoßstange in der Halteverbotszone steht.

Erzlump
Kandidat für eine Beleidigungsklage, weil er sich nicht an die Empfehlung hält, die Autofahrer-Schimpfwörter so zu gebrauchen, daß sie keiner hört.

Esel
Graues Gesicht ... vom Restalkohol.

Eumel
Ihn erkennt man an den Gardinen hinter der Heckscheibe oder an der liebevoll rosa umhäkelten Klopapierrolle.

F

Fatzke
Von der äußeren Erscheinung seinerselbst und seines Autos (ab Jaguar aufwärts) maßlos überzeugter Mann, aufgrund dessen er sich alle Rechte im Straßenverkehr herausnehmen darf, glaubt er.

Feger
Unter 200 zu fahren ist unter seiner Würde.

Feigling
Wartet an Einmündungen immer erst auf eine 500-Meter-Lücke, bevor er rechts abbiegt. Dabei müßte er nach fünf Minuten eigentlich noch viel mehr Angst haben – vor dem Zorn der nachfolgenden Autofahrer!

Ferkel
Dreckschwein in den Startlöchern. Spezialität: Grundwasserverschmutzung durch Ölwechsel auf der Wiese.

Ferrari-Baby
»Wenn ich mal groß bin, werde ich ein Ferrari!« ist an manchen Kleinwagenheckklappen zu lesen. Dabei würde es genügen, einmal mit der Schrottpresse zuzudrücken, um die entsprechenden Abmessungen hinzukriegen.

Feuerstuhl
Den sollten Sie mal sehen, wenn der wirklich brennt!

Fiat
1. Die Behauptung »Fehler in allen Teilen« ist falsch, sonst würde man ja keinen Fiat auf der Straße sehen.
2. Die Behauptung »Für Italiener ausreichende Technik« ist auch falsch, sonst würden z. B. auch die Deutschen keinen Fiat fahren. Außerdem bauen die Italiener die rassigsten Sportwagen der Welt. Das mußte mal gesagt werden!

Flasche
Wer eine ist, hat meistens auch eine im Auto dabei oder vor Fahrtantritt bereits einige in sich umgefüllt.

Flaschenzug
Kolonne von Langsamfahrern: Der erste trödelt, der zweite getraut sich nicht zu überholen, den dritten interessiert's nicht, der Rest dahinter flucht und schimpft.

Fliegenfänger
Der Kühlergrill mancher Automarken nach einer Überland- oder Autobahnfahrt im Sommer.

Fliegenklatsche
Schlecht befestigte Zusatzaußenspiegel bei Fahrt mit Wohnwagen. Kommen bei günstigem Wind durchs offene Fenster herein und klatschen dem Fahrer eine hinter die Ohren.

Flitzer
1. Kandidat für den Blitzer.
2. In rotem Lack: ein Ferrari.

Floh
1. Schlecht gefederter Wagen. Bewegt sich in Sprüngen vorwärts.
2. Uno, Twingo, Mini und die anderen Kleinen hüpfen fast von allein in jede noch so kleine Parklücke.

Flotter Dreier
Dieser liegt vor, wenn es drei Beteiligte an einem Bums gibt.

Flunder
Alles, was platt ist: Ferrari, Lamborghini … und dann war da noch die Sache mit dem automatischen Garagentor!

Forzer, Furzer
Bevorzugt das Fahren ohne Auspufftopf. Das gibt Geräusche, wie sie zuletzt von Dinosauriern mit Verdauungsstörungen erzeugt wurden.

Frau am Steuer!
Ist dieser Ausruf nun Vorurteil oder Realität? Ist DIE FRAU nun wirklich überfordert mit den vielen Hebeln, Knöpfen und Pedalen und dazu noch den Verkehrsregeln? Würgt SIE wirklich den Motor ab, wenn die Ampel auf Grün schaltet? Kriegt SIE es wirklich nicht mit, wenn MANN SIE in die Lücke vorlassen will? Fährt SIE wirklich vorwärts, obwohl es rückwärts aus der Garage geht? Rammt SIE beim Einparken wirklich Vorder- und HinterMANN und mit der Felge die Bordkante? Fragen Sie doch mal Ellen Lohr, Deutschlands beste Rennfahrerin inmitten hartgesottener Tourenwagen-MANNschaften!

Freak
Hat sein Dasein voll und ganz der Hege und (Chrom-) Pflege seines Gefährts gewidmet. Meistens sieht man von ihm nur die Schuhe; der Rest liegt unter der Karre und schraubt und bastelt.

Freches Luder
Abgesehen davon, daß es kein braves Luder gibt, wird dieses Schimpfwort gern für diejenigen *Drängler* benutzt, die auf der Abbiegerspur überholen und sich trotz drei Meter großer Lücke mit ihrer vierfünfzig langen Kiste dazwischenmogeln.

Freier
Fährt immer durch rot beleuchtete Stadtviertel, den Blick auf den Fußweg gerichtet. Für ihn sind Liegesitze ein Muß im Auto.

Freizeitkapitän
Blockiert mit seinem riesigen Bootsanhänger so manche Ferienstraße.

Frontalbremser
Benutzt Häuserwände, geparkte Lkws, Bäume, Laternenpfähle, Leitplanken und Brückenpfeiler als Bremshilfe.

Fummler
Nutzt den Griff zum Schalthebel für Ausflüge zu den Extremitäten seiner Beifahrerin und kracht sodann auf seinen Vordermann.

Fünftes Rad am Wagen
Wie? – Richtig! Das Lenkrad.

Funkenmariechen
Politesse mit Sprechfunkgerät.

Fuzzi
Seine Handzeichen und Grimassen sollte man einfach ignorieren.

G

Gaffer
Die Autobahnstaus wären nicht mal halb so lang, wenn diese bescheuerten *Gaffer* nicht jede Blechbeule genauestens in langsamer Vorbeifahrt begutachten müßten. Das gilt vor allem auch für die Gegenfahrbahn! Leute, wenn ihr Blut sehen wollt, dann schaut doch Krimis oder Dracula-Filme in der Glotze!

Galoppi
Trabi, der durch Tuning ein paar Pferdestärken mehr bekommen hat.

Ganzkörperkondom
1. Sportlich flach gebautes Auto, bei dem sich die Karosserie schon fast an den Körper des Fahrers anschmiegt.
2. Wetter- und scheuerfester Motorradfahrer-Overall.

Garagenbewohner
Über das Auto vernachlässigt er die Familie. Kein Tag, an dem er nicht irgend etwas in der Garage zu tun hätte – sie ist ja inzwischen auch schon sehr wohnlich eingerichtet. Am liebsten würde er neben seinem Auto schlafen, aber das könnte ja das Geschnarche nicht vertragen ...

Gehhilfe
Trabant – ein Krücke von Auto!

Gehirnamputierter
Einzige vernünftige Erklärung für seine Fahrweise.

Geile Kiste
Alles, was das Auto aus der Masse der Alltagsautos heraushebt, sofern es noch fährt: nur drei Räder oder eine bunte Karosserie mit vielen Aufklebern (über den Rost-

flecken) oder eine Lufthutze auf der Kühlerhaube oder ein elektrisch zurückfahrendes Stoffverdeck oder schon gut gepflegte 40 Jahre alt oder ...

Geisterfahrer
»Auf der Autobahn A4711 zwischen Köln und Kleinkleckersdorf kommt Ihnen ein Fahrzeug entgegen. Bitte fahren Sie ganz rechts und ...« – »Wieso *ein* Fahrzeug? Hunderte!« Wetten, daß Sie den Witz schon kannten?

Geizkragen
Zapft an der Tankstelle grundsätzlich einen Pfennig über der vollen Mark. Nur so wird man Millionär!

Geölter Blitz
Ist zwar besonders schnell unterwegs, aber irgendwann schlägt er dafür auch ein.

Gesengte Sau
Irgend jemand muß ihm die Borsten am Hintern abgesengt haben, sonst würde er nicht so chaotisch durch die Gegend rasen, als sei die Schlachtbank schon vorbereitet.

Giftzwerg
Kann stehend kaum übers Lenkrad schauen, braucht einen Stock, um das Ggaspedal zu erreichen, und tobt bei der geringsten Kleinigkeit los.

Gipskopf
Das muß die einzig mögliche Erklärung sein, warum er nicht begriff, daß er nicht Vorfahrt hatte! Jetzt ist sein Gipskopf extra noch eingegipst.

Glotzauge
Nicht viel besser als der *Gaffer.*

Glucke
Autofahrerin, die an Kreuzungen und Einmündungen einfach nicht losfährt. Ob sie wohl gerade brütet?

GmbH
Gasfußfahrer mit beschränkter Hirntätigkeit.

Grobi
Was interessieren ihn denn die Verkehrsregeln?! Er gehört eigentlich in die Sesamstraße und nicht in den Straßenverkehr!

Großkotz
Denkt, nur weil er ein dickes Auto fährt und sich sonst auch alles leisten kann, gehöre ihm die Straße oder gar die Autobahn.

Großmaul
Den Weltreisenden markieren, sich aber schon kurz hinterm Ortsausgangsschild hoffnungslos verfahren.

Grüne Minna
Geräumiges Polizeifahrzeug; kann Einsatzleute zum Brennpunkt des Geschehens bringen und auf dem Rückweg schon mit Bösewichtern beladen sein.

Grünling
Trägt Uniform und bettelt die Autofahrer um Alkohol an, der dann in solche komischen Röhrchen zu blasen ist.

Guerillero
Schießt sich förmlich den Weg mit seinem Auto frei und macht alle fertig, die ihm in die Quere kommen.

Gummibäume
Sind als Ersatz für die Leitplanken geplant, weil sie besser in die Landschaft passen.

Gummigeber
Experte für Katapultstarts mit durchdrehenden Rädern und qualmenden Reifen. Hinterläßt schwarze Streifen auf dem Asphalt und irgendwann auch Frau und Kinder.

H

Hafermotor
Nostalgische Bezeichnung für eine leibhaftige Pferdestärke. Auf jeden Fall umweltfreundlicher als ein Motor, der nur Benzin zu sich nimmt.

Halbidiot
Legt eine absolut chaotische Fahrweise an den Tag, kommt aber immer noch ohne Unfall über die Runden. Wenn's dann doch mal kracht, hat er den Schritt zum *Vollidioten* (siehe dort) getan.

Hallodri
Für ihn ist auch das Autofahren – besonders ohne Führerschein – Ausdruck der Lebensfreude, und die teilt er mit den anderen, denen er die Vorfahrt nimmt.

Hammel
Eines der vielen sturen Tiere im Straßenverkehr.

Hämorrhoiden-Schaukel
In dieser Kiste haben die Stoßdämpfer von ihrem Streikrecht Gebrauch gemacht.

Hampelmann
Haben Sie so einen schon mal beim Fahren zugeschaut? Schaltet hektisch, schaut sich ständig um, verwechselt Blinker- mit Scheibenwischerhebel, und wenn er nicht angeschnallt wäre, würde er sogar aufspringen.

Handyman
Ist das nicht geil, bei Tempo 220 zu telefonieren? Schade, daß mich die Fahrer auf den langsamen Spuren nur so kurz telefonieren sehen können ...

Hanswurst
Der soll erst mal in meine Hubraumklasse aufsteigen, ehe er sich so aufspielen darf!

Hasser
Viele Grüße an die Automarkenhasser vom »Verlag mit der Fliege«!

Haudegen
Stürzt sich tagtäglich ins Abenteuer Straßenverkehr und kommt abends immer mit irgendwelchen Blessuren heim. Jaja: Viel Feind, viel Ehr!

Heimwerker
Manche lassen ihre praktischen Fähigkeiten an Haus und Garten aus, manche setzen die Verkehrssicherheit ihres Autos durch überflüssiges Auseinandernehmen und wieder Zusammensetzen herab: »So, fertig! Aber – warum sind denn noch so viele Teile übrig?«

Heini
Autofahrer, der blöd, doof oder bekloppt daherkommt. Meistens sogar jemand, dem man gar nicht böse sein kann, wenn er wieder mal einen der letzten Hydranten umgenietet hat.

Heizer
Bohrt Zylinder auf und baut Drehzahlbegrenzer aus – das bringt Power!

Herrgottkruzifixsakramentnochamol!!!
Dieses Stoßgebet ist für den Fall angebracht, wenn Sie in Bayern einen dumpfen Stoß auf das Heck Ihres Autos bekommen ...

Highlander
Es kann nur einen geben ... der so bescheuert fährt!

Hilfstuner
Fährt im 1. Gang mit Vollgas bergab, weil er glaubt, daß das mehr PS gibt.

Hinterfotz
Solche Typen können wir leiden: links blinken und rechts fahren!

Hobbyfahrer
Er sollte sich mal etwas professioneller mit dem Autofahren beschäftigen.

Hobel
Schrottreifes Auto, dessen Stoßdämpfer so extrem kaputt sind, daß der Unterboden den Straßenbelag abhobelt.

Hochwürden
Fährt nicht nach den Verkehrsregeln, sondern einzig nach den Zehn Geboten:
1. Du sollst keine anderen Autos neben dir in derselben Fahrspur haben.
2. Du sollst dir kein Bildnis noch Gleichnis von einem Führerschein und von Fahrzeugpapieren machen.
3. Du sollst den Namen des Herrn nicht mißbrauchen, wenn du selbst schuld an einem Unfall bist.
4. Du sollst des Autofreien Sonntages gedenken.
5. Du sollst Vater und Mutter ehren, auch wenn sie vielleicht schlechter Auto fahren als du.
6. Du sollst nicht Menschen oder Tiere totfahren.
7. Du sollst nicht fahren mit fremden Autos, nur mit dem dir ange... äh ... anvertrauten.
8. Du sollst nicht Autos stehlen oder wertvolle Dinge daraus mitgehen lassen.
9. Du sollst kein falsch Zeugnis geben zu Protokoll wider eines Unfallbeteiligten.
10. Du sollst nicht begehren deines Nächsten Luxusschlitten.
Amen.

Holzfäller
Bevorzugt Bäume als Bremshilfen.

Holzroller
So mancher Autofahrer sollte damit im Verkehrsgarten zusammen mit den Kindern die Grundregeln des Straßenverkehrs wiederholen.

Hornochse
1. Legt die Verkehrsregeln immer nach seinem eigenem Ermessen aus.
2. Legt grundsätzlich keinen Gurt an und holt sich öfters mal ein Horn auf der Stirn, weil er beim scharfen Bremsen (kommt von 1.) aufs Lenkrad knallt.

Hosenscheißer
Sollte täglich die Schonbezüge wechseln ...

Hunt
1. Schrottreifer Kleintransporter, der nur noch für die letzte Fuhre im Bergwerk taugt.
2. Der Engländer James H. war der erste Formel-I-Weltmeister, der keinen zivilen Führerschein besaß.

Hurensohn
Auf dem Autobahnstrich gezeugter Autofahrer.

Hutschachtel
Besitzer solcher Gefährte müssen sich aus Platzgründen vor Fahrtantritt entscheiden: Fährt der Hut, oder fahre ich?

Hutsimpel
Wenn Sie sich Ihrem Vordermann geschwinder als normal nähern und die charakteristische Silhouette »Hut auf Haupt« (in Frankreich: »Baskenmütze sur la tête«) allmählich erkennen, können Sie sich darauf gefaßt machen, daß Sie Ihren Termin verpassen. Also: Liebe Hutsimpel! Wenn ihr zu unmotiviert zum zügigen Fahren seid und euch durch den heutigen Verkehr überfordert fühlt (oder habt ihr's noch gar nicht gemerkt, daß es in den letzten 40 Jahren ein paar Autos mehr auf der Straße geworden sind?), dann tut euch und den anderen den Gefallen und laßt das Fahren bleiben! Oder nehmt wenigstens den Hut von den Augen!

I

Idiot
Seit zwanzig Jahren benutzt er die Garage nun schon, aber noch nie hat er das Einfahren im ersten Versuch bewältigt.

Indianer
Scheint die Straße mit dem Kriegspfad zu verwechseln.

Irrer
Wozu ist der Tacho dreistellig? Bei Tempo 30 gilt für ihn glatt 130.

J

Jagdgesellschaft
Da gibt es doch tatsächlich Autofahrer (einschließlich Lkw-Fahrer), die Treibjagden veranstalten – mal auf Kleinwild, wie Enten, Pandas oder Käfer, mal auf Großwild, wie Jaguar, Mustang oder Mantas. Dank CB-Funk miteinander verbunden, wird aus dem großen Angebot auf der Autobahn ausgewählt und über »Frei zum Abschuß« abgestimmt. Und dann geht's los: Umzingeln und in die nächste Ausfahrt drängeln ist noch harmlos; Stoßstangenrempler oder eine »Breitseite« sind schon härter; als Hohe Schule gilt das »Einrahmen« mit vier Lkws, das mit dem »Zurstreckebringen« endet. Halali!

Jahrmarktsfahrer
Bei ihm langt's gerade mal zum Autoscooterfahren.

Jammerlappen
Hat immer was zu jammern beim Fahren: Ach, die vielen Autos wieder! Ach, wie langsam das heute wieder

vorwärtsgeht! Ach, wie teuer heute das Benzin wieder ist! Ach, wie die Sonne so von vorne blendet!

Jauchefahrer
1. Verpestet ganze Landstriche mit seiner ländlichen Fracht.
2. Ist in der ganzen Gemeinde dafür bekannt, seine Fahrt öfters in der Jauchengrube hinter der engen Linkskurve beim Moosgruberbauern zu beenden.

Jeck
Kölle alaaf! – Aber doch nicht hinterm Steuer, Mensch!

Jogger-Killer
Spezialist, der bei Marathonläufen vor dem führenden Athleten herfährt und diesen nur deshalb mit Abgasen quält, um ihn mit der Fernsehkamera für bewegungsmüde »Sportfans« in Großformat einzufangen.

Junger Hüpfer
Gerade mal 18 geworden, gleich den Führerschein von Papi finanziert bekommen, und jetzt die Straßen unsicher machen!

K

Kadettillac
Pflegt seinen alten Opel, als wäre es der Superschlitten aus Amerika. Zugegeben: Stil hat's.

Kamikazepilot
So wie der fährt, hat der nicht vor, jemals wieder nach Hause zurückzukommen ...

Kaputtnik
Nimmt weder auf sein Auto noch auf die anderen Rücksicht und fährt, daß die Fetzen fliegen.

Karosse
Angeberauto. Eine Staatskarosse ist dann also ein Angeberauto für die da oben! (»Repräsentationsfahrzeug« heißt's da, glaube ich.)

Karre
Selbst anschieben hilft da nichts.

Karrete
Schrottreifes Automobil.

Karrette
So nennen die Schweizer ihre Schubkarre; zumindest wir verwechseln sie bitte nicht mit der Karrete.

Kettensäge
Irgend etwas stimmt mit dem Mofa nicht!

Kinderwagen
Der Anfang vom Ende. Aber immerhin für viele der einzige Lebensabschnitt, in dem sie mal in einem offenen Sportwagen fahren dürfen.

K.I.T.T.
»Kitsch In Technischer Trivialität«, eigentlich »Knight Industries Two Thousand« – David Quasselkopps oder

Hasenkopps (alias Michael Knight) intelligentes Wunderauto (übrigens ein bis zur Unkenntlichkeit verschlimmbesserter Pontiac Firebird Formula TransAm) in der TV-Serie »Knight Rider«. Jenes Auto scheint intelligenter als sein Fahrer zu sein, was sicher kaum verwundert ... Näheres unter 0190-262833 (1 Einheit = 12 sec) nach jeder Sendung.

Klapperkiste
Ein Wunder, daß der Fahrtwind nicht die Einzelteile davonweht.

Knalltüte
Aufgeblasen daherkommen und ansonsten einen mächtigen Knall haben – nur weil sie mehr Pulver für 'n dickeres Auto verbraten kann!

Knastvogel
Brütet jedes Jahr hinter Gittern, weil er das Autoknacken nicht lassen kann.

Kniefiesel
Ganz gleich, was ihm auf der Straße widerfährt – er will einfach keine Lehren daraus ziehen. Bis man ihm etwas ENTzieht.

Knutschkugel
Daß der Kabinenroller BMW Isetta von Enzo Rivolta, dem Chef eines italienischen Kühlschrankherstellers namens ISO Rivolta, stammt, sieht man eigentlich sofort: Einen Kühlschrank macht man ja auch vorn auf und zu und nicht links oder rechts. Der zum Knutschen aussehenden Kugel auf Rädern folgten zum Glück noch Sportwagen wie der ISO Grifo oder ISO Léle und 1973 sogar ein kurzes Formel-I-Gastspiel.

Kolbenfresser
Na Mahlzeit! Da haben wir den Salat. Wir wünschen trotzdem guten Appetit!

Komiker
Über seine eigenwillige Auslegung der Verkehrsregeln kann man herzhaft lachen, obwohl einem zum Weinen zumute sein müßte.

Komischer Heiliger
Hochwürden auf dem Fahrrad geraten in eine Verkehrskontrolle. Doch bei aller hochnotpeinlichen Suche findet der Polizist keine Mängel. Da frohlocken Hochwürden: »Siehe, ich fahre mit Gott!« – Jetzt triumphiert der Polizist: »Hab' ich's doch gleich geahnt! Zwei Mann auf einem Fahrrad – das wird teuer!« (Ach, den kannten Sie auch schon?)

Konfusi
Ist noch nach Jahren Autofahrerpraxis immer wieder von der Vielzahl der Knöpfe, Hebel und Pedale in einem Auto verwirrt.

Kotzbrocken
Giftet alle an, die weniger PS haben als er.

Kraftprotz
Auf die Typen unter den Lkw-Fahrern kann die Menschheit verzichten! Die nehmen das Recht des Stärkeren für sich in Anspruch: Wozu blinken? Wozu Abstand halten? Wozu bremsen? Wozu ausweichen? Immer drauf, nur den anderen tut's weh!

Krawallstenz
Glaubt, mit lauten Motorgeräuschen die Mädels auf sich aufmerksam machen zu können.

Krebser
Vielleicht käme er schneller vom Fleck, wenn er es mal mit Rückwärtsfahren versuchen würde.

Krieg der Sterne
Es kann schon mal vorkommen, daß zwei Mercedes-Fahrer kollidieren.

Krücke
Dieses Auto zeugt von übertriebener Pietät seines Fahrers – jeder andere hätte diesen rollenden Schrott schon längst entsorgt.

Kübel
Bietet höchsten Fahrkomfort für solche, die gerne Krieg spielen oder auch sonst überall anecken.

Kümmerling
Trabant. Und manchmal auch sein Fahrer, der sich dieses sozialistische Alptraumauto vom Munde absparen mußte.

Kuno der Traurige
Blutarme Gesichtsfarbe, eingefallene Wangen, Augen kaum zu sehen, und von seiner schrottreifen Ente blättern die letzten Blümchen ab ...

Kupplungsschinder
Wer die Bremsbeläge schonen will, bremst eben mit der Motorträgheit, schlimmstenfalls im 1. Gang.

L

Lackaffe
Läßt im Milieu anschaffen und kann sich einen Pontiac Firebird oder einen Chevrolet Corvette leisten. Man sollte ihm aus reinem Selbsterhaltungstrieb immer die Vorfahrt oder die Parklücke überlassen!

Lackel
Am besten für ihn ist ein Auto vom Schrottplatz. Damit kann er ausgiebig üben.

Lahmarsch
Fährt mit 180 PS unterm Hintern nie schneller als ein Radfahrer. – Ja, dann fahr doch Rad!!!

Lahme Ente
Nicht unbedingt die Citroen-Ente, sondern jedes PS-schwache Gefährt.

Lauda vom Lande
Flüchten Sie am besten in den Straßengraben, wenn er mit seinem Traktor so mit achtzig Sachen angefegt kommt!

Laufkultur
»Na, wie läuft dein neues Auto?« – »Das läuft nicht, das fährt!« – »Also dann: Wie fährt's denn?« – »Naja, es geht so ...« (Jaja, alter Witz!)

Laufpaß
Polizeiliche Erlaubnis, künftig zu Fuß zu gehen statt zu fahren.

Laufruhe
Ein Motor hat erst dann Laufruhe, wenn er hinüber ist.

Leffe
Überholt gleich zehn Autos auf einmal – bei Gegenverkehr, versteht sich!

Lehrmeister
Obwohl alle Beteiligten die Verkehrsregeln kennen, kennt er sie besser – als einziger und immer!

Leithammel
Seine Herde ist der Stau.

Letzter Öler
Religiöser Fanatiker, dessen Fahrweise eindeutig auf das baldestmögliche Erhalten der Sterbesakramente abzielte.

Lkw
*L*uftverpestender *k*rachmachender *W*ahnsinn.

Lkw-Fahrer
Stauursache Nummer eins auf Deutschlands Autobahnen. Hören Sie doch mal aufmerksamer Verkehrsfunk: »Fahrbahnsperrung wegen liegengebliebenem Lkw ... Vollsperrung wegen umgestürztem Lastzug ... drei Kilometer Stau wegen brennendem Lkw ... bei Kilometer 327 hat ein Lkw seine Ladung verloren ...« Wen wundert's? Instandhaltung und Fahrzeiteinhaltung kosten Geld – dem Speditionsunternehmer. Der riskiert lieber eine Katastrophe; wozu zahlt er denn an die Versicherung? (Und die legt die Schadenersatzleistungen auf die Pkw-Haftpflicht um.) – Aber ohne die Lkw-Fahrer geht auch nichts. Wer beliefert denn Ihren Supermarkt?

Lückenbüßer
Stoßstange an Stoßstange – aus der Parklücke kommt der nicht mehr raus!

Lückenspringer
Links vorbei, rechts vorbei, in der Mitte durch, über die Standspur – verflixt, da stand doch einer!

Lümmel
Lümmelt sich stundenlang auf der Motorhaube herum und glaubt, das würde die Mädchen anmachen.

Lulatsch
Warum leistet der sich mit seinen zwei Meter fünf kein größeres Auto als einen Mini Cooper? – Aha, wegen des Schiebedachs!

Lusche
Der Führerschein der *Lusche*, welche man getrost in den Skat drücken kann, ist auch nur das Papier wert, auf das er gedruckt ist.

Lustmolch
Vorsicht! Dieser Typ fährt immer bei Rotlicht los!

Luxusschlitten
Mobil im Werte einer Immobilie. Läßt sich aber leichter klauen.

M

Macho
Läßt seine Frau nur dann ans Steuer, wenn er sich wieder mal stockbesoffen aus der Kneipe abholen läßt. Zum ständigen Meckern über ihre Fahrweise reicht's aber immer noch.

Macker
Er glaubt, sich ein Protzauto anschaffen zu müssen, um beim weiblichen Geschlecht Eindruck zu hinterlassen.

Mähdrescherfahrer
Er scheint mit seiner Fahrweise zu versuchen, die Fußgänger reihenweise wie die Halme umzuhauen.

Malefizkerl
Ein allgemeingültiges Schimpfwort, ohne moralische Skrupel anzuwenden von allen distinguierten Autofahrern mit humanistischer Bildung.

Manta-Fahrer
Name: Manfred, genannt Manni. Geboren: durch Kaiserschnitt (wegen der angewinkelten Ellenbogen). Alter: mindestens 18, aber nach Benehmen 11. Wohnsitz: Bochum (wegen Kennzeichen BO-EY). Beruf: keinen, da in der Regel ohne vernünftigen Schulabschluß (bestenfalls »Reifenzeugnis«). Freundin: Friseuse (oder Frisörin, wie die »Experten« sagen), damit immer mal der Motor frisiert oder die blöde Dauerwelle aus der Motorhaube rausonduliert werden kann. Todfeinde: VW GTi und Scirocco, weil die auch ohne Tuning den besseren Sound haben. Fahrstil: Ellenbogen aus dem Fenster, um zu zeigen, wer Vorfahrt hat. Ausrüstung: mittelschwere Goldkette (zur Identifizierung bei geröstetem Manta), Cowboy-Stiefel (in allen Lebenslagen am Mann zu tragen), Haifisch-Anlage – oder wie das laute Radio heißt – von Kännwudd (»Boa, ey, hö

ma, ey, dat is 'n Sound, Mann, geil, ey!«), CB-Funkgerät (um andere Mannis vor Radarfallen zu warnen) und Fuchsschwanz an der Antenne. TÜV-pflichtige Änderungen, die in den Fahrzeugpapieren einzutragen sind und nach der Devise »tiefer – schneller – breiter« angeschafft wurden, sind: härtere Federung, tiefergelegtes Fahrwerk, leistungsgesteigerter Motor, schallgesteigerter Auspuff, Kot auf dem verbreiterten Kotflügel. Finanzierung: auf Raten – und tschüß!

Matschbirne
Die holt man sich, wenn man sich nicht anschnallt.

Maulheld
Trifft sich gern mit Angelfreunden, nur um zu erzählen, wie lang die Autos waren, die er schon gefahren hat.

Mäusekino
Mit viel überflüssigen Displays bestücktes, vollkommen unübersichtliches Armaturenbrett.

Melkkuh der Nation
Alle, die wir Autofahrer sind. Anstatt – wie versprochen – die vorübergehenden (das hat schon damals keiner geglaubt) Benzinpreiserhöhungen wieder zurückzunehmen, wird regelmäßig die Mineralölsteuer erhöht. Und die Fahrpreise der öffentlichen Verkehrsmittel steigen gleich mit – es könnte ja so mancher Autofahrer aus Versehen auf die Idee kommen, auf S- und U-Bahn umzusteigen! Schließlich soll er Mineralölsteuer zahlen und sich nicht durch die Gegend schaukeln lassen! Politikerlogik.

Milchreis-Mansell
In der Regel mit laut knatterndem Mofa (wieso verbietet die der TÜV bei dem Lärmpegel nicht?) die Kommunikation in ganzen Stadtvierteln zum Erliegen bringend; immer öfter mit Papas Porsche auf Mädchen-Pirsch, obwohl er sich noch gar nicht rasieren muß.

Mist…
Alle so beginnenden Schimpfwörter sind unqualifiziert und haben hier nichts zu suchen. Obwohl es ja so viele *Mistkerle, Mistfinken, Mistviecher, Mistkrücken, Mistsäue* (das sind die, welche die Passanten immer mit Pfützenwasser beglücken) und auch *Mistbienen* unter den Autofahrern gibt.

Mitläufer
Gibt's nicht nur in totalitären Regimen. Es genügt schon, seine Krawatte nach dem Aussteigen in der Taxitür einzuklemmen …

Mofa-Furzer
Trotz der Lautstärke ihres Vehikels sind sie kaum schneller als ein guter Radfahrer, ansonsten übernehmen sie fast alle Unsitten der schlechten Radfahrer – siehe dort.

Molly
Als *Molotow-Cocktail*, kurz *Molly* genannt, endet so manches Auto deshalb, weil manche an der Unfallstelle auf den Schreck erst einmal 'ne Kippe rauchen müssen …

Moped-Flegel
Fährt zu gerne in Menschenansammlungen hinein, weil's dann so aussieht wie Fuchs auf Hühnerhof!

Mörder
Ortsdurchfahrt mit 215 km/h (manche Radarfallen sollen angeblich diese Geschwindigkeit nicht mehr registrieren), Autobahnauffahrt grundsätzlich bei den roten Schildern mit weißem Querstrich, Vorbeifahrt am Stau mit Vollgas auf der Standspur, Kreuzungsüberfahrt ausschließlich bei Rot, auch neuerdings das »Airbagging« (Frontalcrash mit geklauten Autos mit Airbag) – das sind die »Spielchen« der New Kids ohne Kopp (oder wie man die nennt).

Motzer
Regt sich über alles auf, obwohl er nur auf dem Beifahrersitz Platz genommen hat.

Muffel
Fahrlehrer, der auf Einschüchterung setzt, um mehr Fahrstunden rauszuholen.

Müllabfuhr
Höchste Achtung vor deren schwerer Arbeit! – Aber warum immer mitten im Berufsverkehr? – Übrigens: Pflegen Sie Ihr Auto ruhig ein bißchen, sonst nimmt es die *Müllabfuhr* eines Tages mit!

Müllkutscher
1. Scheint sein Auto günstig vom Schrottplatzt bekommen zu haben; nicht zu verwechseln mit dem Fahrer eines *Kübels*.
2. Bekanntlich ein ständig fluchender Mensch und somit eine Fundgrube für einen Schimpfwörterbuchschreiber.

Murkser
Häufig anzutreffen an den verschiedensten Orten: an Ampeln (würgt bei Grün den Motor ab), mitten auf Hauptverkehrskreuzungen (schiebt gerade sein Auto drüber), unter dem Auto (bastelt an irgend etwas, das dann noch schlechter als vorher funktioniert), aber auch in Garagen (hobelt immer ein Stück von der Einfahrt ab).

N

Nachtwächter
Merkt nicht, daß er erstens bei Rot und zweitens verkehrt in eine Einbahnstraße links abgebogen ist. Das kann ein böses Erwachen geben!

Nähmaschine
Schnurrt und gibt Stoff, wenn man aufs Pedal tritt. Mehr aber auch nicht.

Närrischer
Hat das Auto mit der Bütt verwechselt. Auf ihn ein dreifach donnerndes »Helau«!

Nasenbohrer
Fast jeder Autofahrer, wenn er eine Hand frei hat und sich unbeobachtet glaubt.

Nepper
Seine Masche: Autos als Jahreswagen zu verkaufen, die er aus Schrottplatzwracks zusammengebastelt und mit einem manipulierten Kilometerzähler versehen hat.

Nervensäge
Beifahrer, der ständig über die angeblichen Fehler des Fahrers meckert und diesen dadurch erst so richtig verunsichert: »Fahr nicht so dicht auf! ... Bremsen!!! ... Hattest du jetzt überhaupt Vorfahrt?! ... Stich doch in die Lücke da! – Mann, jetzt isse zu! ... Soll ich mal fahren?« – »Nein, aussteigen und laufen!« (Wieso denke ich bei diesem Begriff immer an meinen Verleger?)

Neunmalkluger
Glaubt tatsächlich, der einzige zu sein, der die Verkehrsregeln kennt, und läßt das auch bei jeder Gelegenheit wissen – selbst wenn er dazu aussteigen muß, um beim nachfolgenden Fahrer mit dem erhobenen Zeigefinger an die Scheibe zu klopfen.

Neureicher
Dokumentiert sein Erfolgreichsein durch ein dickes 100 000-Mark-Auto. (Dabei ist alles nur geklaut ...)

Nickesel
Auto mit altersschwachen Stoßdämpfern an der Vorderachse.

Niederträchtiger
Stop? Vorfahrt gewähren? Rechts vor links? – Nein! Schneller vor langsam, größer vor kleiner!

Niete
Hat ihren Führerschein versehentlich bei einer Tombola gewonnen.

Nirwana
Dahin wünscht man so manchen Langsamfahrer.

Nobelhobel
Wenn Sie ihm auf der Autostrada begegnen, dann sitzt da der Märchenprinz aus der Provinz drin. (Copyright: Erste Allgemeine Verunsicherung)

Nobelkarosse
Wer hat die längste?

Nockenwellenvergewaltiger
Schaltet immer erst bei 80 km/h in den 2. Gang hoch.

Nörgler
Anstatt froh und dankbar zu sein, daß er mitfahren darf, regt er sich ausschließlich auf: über den nicht geleerten Aschenbecher, den Fleck auf seinem Sitz, die Frischluft aus dem Fensterspalt, den eingestellten Radiosender (egal welcher) und darüber, daß er wahrscheinlich zu spät kommen wird wegen der »Trödelei«.

Notarzt-Rallyefahrer
Früher als Krankentransportfahrer bekannt, heute mit rennfahrerischen Qualitäten ausgestattet, denn: Wer

zuerst an der Unfallstelle ist, darf die Verletzten einsacken und bei deren Krankenkasse absahnen. Kein Witz: Ab und zu hören die verschiedenen Hilfsdienste die von der Polizei durchgefunkten Rettungsaufträge ab, um vor der alarmierten Konkurrenz da zu sein.

Nötiger
Diejenigen Autofahrer, die andere zu etwas nötigen, sind wirklich das Letzte! Da gibt es den *Drängler* (siehe dort), der auf der Autobahn Stoßstangenkontakt zum Vordermann suchen. Oder den *Bremser*, der hinter sich einen Stau entstehen läßt und alle verzweifelten Überholversuche durch spontanes Linksblinken bereits im Keim erstickt. Oder den *Gekränkten*, der, wenn er nach ewiger Trödelei endlich überholt werden könnte, plötzlich Gas gibt und den Überholer so lange schmoren läßt, bis er den Überholversuch abbricht oder der Gegenverkehr in Hektik gerät. Im übrigen kann Nötigung im Straßenverkehr angezeigt werden: Kennzeichen, Ort und Zeit genügen.

Nuckelpinne
Das genaue Gegenteil einer *Nobelkarosse*.

Null
Verwandt mit der *Lusche* und der *Niete*. Traut sich an Einmündungen nicht, in jede noch so große Verkehrslücke »einzufädeln«.

Nulpe
Dieser Typ diskutiert so lange, bis die Verkehrspolizei von seiner Regelauslegung überzeugt ist.

Nürburgring-Sonntagsfahrer
Das absolute Renngefühl: die ganze Familie samt Hund im Passat auf dem »Ring« – und dann auf zwei Rädern durch die Kurve, wenn's klappt.

O

Oberdepp
Hat noch nie etwas von »rechts vor links« gehört, aber irgendwann wird er's hören, nämlich wenn's knallt.

Oberlehrer
Wandelnde Straßenverkehrsordnung. Belehrt ständig alle übrigen Verkehrsteilnehmer durch Hupe, Lichthupe, Handzeichen oder – wenn es die Situation erlaubt – durch ein persönliches Erziehungsgespräch. Hält in der Regel damit nur den Verkehr auf.

Ochse
Hält seine Stoßstange bisweilen für die Hörner. Brüllt oder hupt vor lauter Dummheit.

Ofen
Mehr oder weniger PS-starkes, geschweige denn heißes Zweirad – Hauptsache: laut und schnell.

Offizier
Handelt auch beim Autofahren streng nach der Dienstvorschrift: 1. Tür öffnen. 2. Auf den linken Vordersitz setzen, Grundstellung einnehmen. 3. Rühren, anschnallen, Bordinstrumente auf Vollzähligkeit und Funktionstüchtigkeit überprüfen. 4. Beim Vorgesetzten über Einsatzbereitschaft Meldung machen; winken genügt. 5. Nochmals Dienstvorschrift DV 03/007/0815 studieren. 6. Kupplung treten, Zündschlüssel herumdrehen, Gas geben. 7. Handbremse lösen, mit Blick über linke Schulter und in Rückspiegel Feind von links hinten aufklären, mit Vollgas vorwärts. 8. Gestellungsraum ansteuern. 9. Fahrzeug am Zielort militärisch exakt im rechten Winkel oder parallel zur Bordkante und gegen Wegrollen gesichert abstellen. 10. Nach Erreichen des Zieles unverzüglich Vollzug melden.

Old Knatterhänd
Oldtimer-Fan mit wenig Geschick zum Basteln.

Ölexperte
1. Glaubt, der Ölstab diene einzig und allein zum Umrühren des nachgefüllten Öls im Öltank.
2. Vermutet, mit fallenden Ölpreisen sinkt auch der Öldruck im Motor.
3. Läßt das Altöl gleich hinterm Haus am Bächlein ab, um die schönen Steinplatten vor der Garage nicht zu beschmutzen.

Oma
1. Kommt als Erste an die rote Ampel und fährt als Letze bei Grün los.
2. Hauptsponsor so manchen fahrbaren Untersatzes.

Orgelspieler
Bringt erst fünf Minuten lang seinen Motor auf Hochtouren, ehe er losfährt.

Ostfriese
Fährt immer mit angezogener Handbremse, weil er sich nicht von einer nackten Handbremse ablenken lassen will. (Wetten, daß Sie den noch nicht kannten?)

Otto Normalverbraucher
Otto-Motor, der nur Normalbenzin verbraucht.

P

Paddy
So heißt in Amerika das Auto, mit dem ungezogene Leute aufs Revier verfrachtet werden.

Pannenolli
Nein, nicht der, sondern einer von manchen Wagenlenkern, bei denen keine Fahrt ohne Plattfuß, durchgebrannte Sicherungen, verrußte Zündkerzen, Benzinmangel, gerissenen Keilriemen oder Steinschlag abgeht.

Papamobil
Nicht etwa Vaters teures Auto (das der Sohn oder die Tochter mal wieder ohne Erlaubnis zur Spritztour – was auch immer darunter verstanden werden kann – benutzt), sondern das mit einer panzergläsernen Kanzel ausgestattete Gefährt, das der reiselustige Papst für seine Wink- und Segensfahrten durch die besuchten Städte leider braucht.

Papas Spielzeug
Das Kind im Manne braucht eben irgend etwas zum Spielen – dann aber lieber doch das Auto als eine andere Mama ...

Pappe, Pappkarton, Pappschachtel
Trabant; so benannt nach dem dominierenden Werkstoff in der Karosserieherstellung. Übrigens, kennen Sie den? Fragt das Häschen: »Hallu Pappkattong? Kanndu Tabant falten!«

Pappendeckelklauer
Grünes Männlein; beginnt seinen Text immer mit »Guten Tag! Verkehrskontrolle!« und rückt den Führerschein einfach nicht wieder raus.

Parkidiot
Tritt besonders in den Gegenden in Erscheinung, wo Parkplätze knapp sind. Hält einfach da an, wo ihm der Schlüssel aus dem Zündschloß fällt, und schert sich einen Dreck darum, ob er anderen den Platz wegnimmt. Die Parkidiotie scheint übrigens ansteckend zu sein: Wo erst mal einer »großzügig« parkt, lassen die nächsten auch größere Lücken beim Parken entstehen. Leute, seid nicht so egoistisch und denkt mal an die anderen, die pünktlich zur Arbeit, zur Prüfung, zum Einkaufen, zur Verabredung oder nach Hause wollen!

Parklückenräuber
Schießt schräg vorwärts in die Parklücke, in die Sie soeben rückwärts einparken wollten.

Pascha
Läßt sich sonst immer von vorne bis hinten bedienen, aber ans Steuer darf nur ER.

Penner
Merkt absolut nicht, daß er den Verkehr aufhält. Sorgt auf der Landstraße für Kolonnenfahrt mit Tempo 70, das er aber auch bei Ortsdurchfahrten beibehält, weil er das Ortsschild verschlafen hat.

Petze
»Herr Oberwachtmeister, da hinten steht einer schon vier Minuten im Halteverbot!«

Pfeife
1. Fröhlich auf der Trillerpfeife blasender Verkehrspolizist.
2. Verkehrssünder, auf den es die 1. Pfeife abgesehen hat.

Pfingstochse
Nicht nur der Fahrer ist herausgeputzt – nein, auch seine Benzinkutsche kann sich sehen lassen: Nobelmarke hochglanzpoliert, Sportfelgen, kleiner Heck-

spoiler aus Gummi, Heckreflektoren über die ganze Breite. Da werden die Leute aber Augen machen!

Pfuscher
1. Ihm als Hobbybastler gelingt es, sein Auto nach dem Auseinandernehmen jedesmal anders zusammenzubauen.
2. Kfz-Mechaniker ohne Berufsausbildung; ist auf Schnellreparaturen spezialisiert, weil er sich dann nur auf den offensichtlichen Schaden beziehen kann – die anderen Schäden würde er erst gar nicht entdecken.

Pirouetten-König
Titel, den die Presse bei Autorennen dem Rennfahrer mit den meisten Drehern verleiht.

Plastikbomber
Jaja, schon wieder jenes DDR-Luxusauto mit der rostfreien Karosseriebeschichtung, das genauso viele Monatseinkommen verschlang wie ein Benz.

Plattenproduzent
Es ist immer wieder ein Rätsel, wie manche Leute einen Platten produzieren. Klar ist der Fall beim *Plattfußindianer*: Immer volle Kanne dran an den Bordstein, dann geht irgendwann die Felge in die ewigen Jagdgründe ein …

Plattfuß
Sorgt dafür, daß der Fahrspaß ganz stark nachläßt.

Playboy
Sitzt im dicken offenen Schlitten (von den monatlichen Zinsen bezahlt), pendelt den lieben langen Tag auf Sylt zwischen List, Westerland und Hörnum, und aus seiner HiFi-Anlage dröhnt immer nur »Heaven's On The Backseat Of My Cadillac«.

Playboy-Anwärter
Hat zumindest einen Insel-Sylt-Aufkleber am Heck.

Polizist
Fährt sieben Tage in der Woche und an Feiertagen in grün-weißen Autos herum – nur wegen der vielen »Verkehrssünder« und des Schadens, die die anrichten. Ehrlich gesagt: Ohne ihn hätten wir mehr Ärger als mit ihm. Wer redet da immer von den *Bullen*?

Polo-Purzel
Daß man mit dem VW Golf zum Golfen fährt, kann schon sein, aber daß der *Polo-Purzel* mit seinem VW Polo zum exklusiven Poloclub fährt, darf bezweifelt werden. Immerhin: Lieber solo im Polo als 'n Quartett im Kadett!

Poofer
Schläft mit offenen Augen, sobald er hinterm Steuer Platz genommen hat.

Popelheini
Schon mal an einer roten Ampel die anderen Autofahrer beobachtet? So manche holen da das Letzte aus sich heraus.

Postler
Beim Arbeiten wie viele Beamte nicht der Schnellste, als Fahrer dieser gelben Golfs aber das ganze Gegenteil – um den amtlich festgesetzten Feierabend nicht zu verpassen.

Preußischer
Nachgestelltes Attribut für alle in diesem Buch aufgeführten Schimpfwörter, und zwar speziell für den Gebrauch im Freistaat Bayern.

Privatpolizist
Übt Selbstjustiz. Nein, nein, er bestraft sich nicht selbst, sondern maßregelt andere Verkehrs-Chaoten – und wenn's mit dem Messer oder der Faust ist! Meistens wegen irgendwelchen Kleinigkeiten.

Profi
Die *Profis* glauben doch tatsächlich, sie könnten bestens Auto fahren, nur weil's ihr Beruf ist. Dabei vergessen sie nur, daß Rücksicht auch dazugehört und Belehrungen nicht ihre Sache sein sollten.

Provinz-Prost
Alles, was er von der Schnellfahrerei hat, ist eine verbogene Nase – wie Alain Prost.

Puddingpanzer
Auto mit Kunststoffkarosserie. Man denkt da doch gleich an die vielen verhinderten Ferraris, die es als Bausatz auf VW-Käfer-Basis gibt.

Putz mich mal!
Hilferuf eines Autos, in dessen Schmutzschicht mitleidvolle Passantenfinger die Botschaft eingraviert haben.

Putzteufel
Man stelle sich vor: Fußball-WM-Finale. Ganz Deutschland sitzt vor der Glotze, nur einer nicht – der nutzt jede freie Minute, um mit Schwamm und Wolltuch sein Auto zu wienern. Übrigens: Was da so blinkt, ist nicht der polierte Lack, sondern schon das Karosserieblech!

Q

Quälgeist
Da fährt man so schön durch den Wald und will die Naturschönheiten auf sich wirken lassen – wenn da nicht der Hintermann schon fast seit einer halben Stunde so dicht auffahren würde!

Quartalsfahrer
Kaum zu glauben, daß noch eine Steigerung des Sonntagsfahrers möglich ist.

Quasselstrippe
Irgendwann hat man sich an ihr endloses Geschwatze gewöhnt wie ans Fahrgeräusch.

Quax
Der Bruchpilot.

Quecksilber
Ein Fahrer von der nervös-hektischen, zappeligen Sorte.

Quengler
Dieser Typ Beifahrer reizt zum sofortigen Rauswerfen!

Querkopf
Macht garantiert das Gegenteil davon, was die Straßenverkehrsordnung verlangt.

Quickie
Ein dafür häufig genutzter Platz ist nun mal das Auto.

Quotenregelung
Keine Form der Verkehrsregelung, wonach soundsoviel Männer und Frauen Kreuzungen überqueren dürfen, sondern eine Niedrigerstufung für Frauen in einer deutschen Versicherungsgesellschaft, denn Frauen verursachen im Straßenverkehr geringere Schäden. Da kann man nicht motzen!

R

Rachsau
Für ihn ist es eine tiefe Kränkung, überholt zu werden. Er wird nicht eher ruhen, bis er an seinem Peiniger wieder vorbeigezogen ist – selbst um den Preis der ewigen Ruhe.

Radfahrer
Verkehrsrowdy der Sonderklasse: buckelt nach oben und tritt nach unten (pfui!); fährt im Dunkeln fast immer ohne Licht, dafür aber mit dunkler Kleidung; kennt kein »rechts vor links«; fährt gern *neben* seinesgleichen, weil's sich da besser schwatzen läßt; fährt auf dem Fußweg die Fußgänger über den Haufen; fährt auf Radwegen entgegengesetzt zur Fahrtrichtung (einspurige Radwege sind separierte Fahrspuren für Radfahrer, aber keine Wege mit Gegenverkehr!); fährt lieber auf der Fahrbahn statt auf dem Radweg, um die bösen Autofahrer zu schikanieren (besonders dreist: Kurierfahrer); fährt vom falschen Ende her in Einbahnstraßen hinein; biegt ab, ohne Handzeichen zu geben; fährt Rechtsabbiegern in die Seite (hier kann der Radfahrer ausnahmsweise nichts dafür); hängt sich an Lkws dran, weil's dann bergauf besser geht; fährt gern schnell bergab, weil er sich auf seine »leistungsstarken« Bremsen und seine Knautschzone verläßt. Als Autofahrer darf man dann auch noch im Falle eines Unfalles mit einer Teilschuld rechnen! Lieber Gesetzgeber, wie wär's denn mit einem Führerschein und einer obligatorischen Haftpflichtversicherung für Radfahrer? (Und nach allem sollten Sie mal die Autofahrer erleben, die selbst ab und zu mit dem Rad fahren ...)

Radkäppchen und der Volvo
Alleine zu trampen kann gefährlich werden ...

Rambo
Auch wenn er kein MG auf dem Überrollbügel seines Jeeps befestigt hat, müssen ihm alle Platz machen, denkt er. Ist wohl auch besser, ihm auszuweichen, damit er sich ganz allein den Hals bricht.

Rammler
Bei ihm bumst es fast genausooft wie bei einem Kaninchenpapa.

Rappel
Dies ist kein Schimpfwort, sondern eine Warnung! Sicher werden Sie sich in den französischsprachigen Regionen Europas schon gefragt haben, warum da unter manchen Verkehrsschildern offenbar jemand seinen *Rappel* kriegen soll. Bei Schildern, die nur der Ordnung (Halteverbot, Tempogrenze usw.) dienen und nicht der Vorfahrtsregelung, heißt das: »Wehe, wenn Sie sich nicht daran halten!«

Rappelkopf
Und ist die Lücke noch so klein – der *Rappelkopf*, der zwängt sich rein!

Rasender Roland
Der Vorname spielt keine Rolle, und literarisch gebildet scheint der auch nicht zu sein! Nicht mahl die Verkehrsregeln hat der gelesen!

Ratte
Huscht überall und immer noch mit durch.

Reaktionstester
Verdammt häufig anzutreffender Typ eines Autofahrers, der die Reflexe des nachfolgenden Fahrers auf die Probe stellt, indem er erst bremst und dann blinkt.

Rechthaber
Verursacht ständig brenzlige Situationen und klärt die anderen Beteiligten auf, was sie für Stümper seien.

Rechtsverdreher
Mit Anwälten sollte man jede Kollision vermeiden – die weisen einem glatt das Überfahren einer roten Ampel volltrunken im Rückwärtsgang nach.

Recycled Ferrari
Jeder Kleinwagen italienischer Herkunft. (Wer weiß schon, warum Ferrari von Fiat aufgekauft wurde?)

Reifenschinder
Alles läuft in Sekundenbruchteilen ab: Kupplungspedal hochschnipsen lassen, Gaspedal bis zum Anschlag heruntertreten – das gibt bei Anfängern ein kreischendes Reifengeräusch und bei Fortgeschrittenen einen mörderischen »burn-out«, der die Umgebung einnebelt und die Karkasse freilegt!

Reiher
Kann das Autofahren nicht vertragen, besonders nicht auf den Rücksitzen. Deshalb Schonbezüge verwenden und Papiertüten mitführen!

Rennpappe
Tierisch hochgezüchteter und aufgemotzter Trabant: verkürzter Auspuff für den Sound, Rallyestreifen, Zusatzscheinwerfer, Frontspoiler, tiefergelegtes Fahrwerk, Sportlenkrad, Schalensitze, Überrollbügel (der einzige vernünftige Gedanke), auf 610 cm^3 aufgebohrter Hubraum (das einzige, was ihn von manchem Opel Manta unterscheidet).

Riesenbaby
Ein Zweizentnermann im Kleinwagen sieht nun mal etwas befremdlich aus. Und das Einsteigen erst: Rums! hat der Unterboden Straßenkontakt ...

Rindvieh
Lieber ein vierbeiniges auf der Autobahn als ein zweibeiniges hinterm Steuer.

Ritter der Landstraße
Oft mißverstanden: Es geht nicht darum, mit seinem Auto wahre Kreuz(ungs)züge zu veranstalten oder Raubritter zu spielen und anderen die Vorfahrt zu nehmen, sondern die Rechte der anderen zu respektieren und auch mal auf ein eigenes Recht zu verzichten. In Großbritannien verleiht der Royal Automobile Club sogar noch diesen Titel (»Chevalier of the Road«) – für selbstloses Handeln bei Erster Hilfe, Rettung und Bergung. In Deutschland gibt es die Arbeitsgemeinschaft »Kavalier der Straße«, die darüber hinaus für partnerschaftliches Fahren wirbt und .

Rocker
Fährt Motorräder mit den Abmessungen eines Autos. (Unser Titelseiten-Zeichner fährt auch eine Harley, versteht sich aber *nicht* als Rocker!)

Rodler
Sonntagsfahrer, der mit Sommerreifen im Winter die Alpen erklimmen will. Wie beim Fliegen gilt: Runter kommen sie immer!

Rollendes Verkehrshindernis
Eigentlich rollt er ja kaum noch, so langsam fährt dieser überängstliche Autofahrer. Häufig auf Straßen anzutreffen, auf denen nur schwer überholt werden kann. (Siehe auch *Stehendes Verkehrshindernis*.)

Rollsplitt-Freak
Endlich mal wieder Rallyefahrer spielen! Vollgas über den Rollsplitt, daß es nurt so hämmert in den Radkästen – und auf Lack und Scheiben aller anderen Autos!

Romantiker
Wie verträumt doch die Zündkerzen leuchten ... Hilfe, der Motor brennt!

Rostlaube
Der Lack hat so seine Schwierigkeiten, den Rest des Autos noch zusammenzuhalten.

Rostquietsch
So hieß der in die DDR importierte russische Moskwitsch mit der Drei-Monate-Garantie *für* Durchrosten.

Rothirsch
Mag sein, daß ihm seine Frau ein Geweih aufgesetzt hat – jedenfalls *hirscht* er immer noch bei Rot über die Kreuzung! Vielleicht ist er aber auch nur ein Opfer der »Roten Welle«: Die Ampeln sind oftmals so unglücklich geschaltet, daß nur die noch bei Grün durchkommen, die schneller als erlaubt fahren.

Rowdy
Unqualifizierter Ausdruck für einen rücksichtslosen Kraftfahrer. Muß es denn auf neudeutsch sein? In diesem Schimpfwörterbuch gibt es doch so viele schöne einheimische Begriffe!

Rüpel
Achtung, Rückspiegel einklappen! Da drängelt sich einer zwischen den in den Spuren stehenden Autos durch!

Rüsselkäfer
Berauscht sich beim Tanken an den Benzindämpfen und würde am liebsten in den Einfüllstutzen kriechen ... aber vielleicht hat er auch nur seine Brille versiebt und muß so nah ran, damit er nicht mit dem Benzin das Auto abspritzt.

Russentraktor
Zaporoshez – ein Viersitzer mit laut knatterndem Motor und armseliger Höchstgeschwindigkeit. Eigentlich wurde er ja gar nicht in Rußland gebaut, sondern in der Ukraine – in Zaporoshe, der einstigen Kosakenhochburg.

S

Sachsenporsche
Trabant; so benannt nach seiner Herkunft bzw. nach seinem »sportlichen« Fahrwerk.

Sackgesicht
Trägt für die Verkehrspolizisten immer wieder zur Erheiterung bei der Auswertung der Blitzerfotos bei, wenn sie dieses bekannte Gesicht sehen: lange Nase, Vollbart.

Saftsack
Fettes Etwas hinterm Lenkrad, in das es vor lauter Verbissenheit am liebsten hineinbeißen möchte.

Sänfte
Die Sänfte der Neuzeit ist schlicht und ergreifend das Taxi.

Sargnagel
Kann beim Autofahren *jede* Zigarette sein, wenn die Rauchentwicklung so stark ist, daß der Fahrer nichts mehr sieht.

Saufkumpan
Nun muß er doch laufen . . . weil er mich nicht zum Auto getragen hat!

Saukerl
Für ihn speziell gilt die Vorfahrtsregel »links vor rechts«.

Saupreiß
Alle deutschen Autofahrer, die in Bayern mit einem nichtbayerischen Kennzeichen angetroffen werden.

Schachtel
Das kantige Design ist besonders in Schweden zu Hause. Aber schlecht ist so ein Volvo nicht!.

Schaf
Fährt geruhsam hinter dem *Leithammel* (siehe dort) her, anstatt zu überholen, und sorgt somit für die ständige Vergrößerung der Herde (sprich: Stau).

Schäfchenzähler
Besonders hinderlicher Langsamfahrer, der einem auf kurvenreichen Landstraßen vorausfährt und mächtig viel Freude an der schönen Landschaft und den Schafen und Kühen auf der Weide hat, anstatt mal die Autos hinter sich zu zählen.

Schandfahrer
Er schafft es, jeden Neuwagen vor Ablauf der Garantie zu Schanden (neuerdings: recycelreif) zu fahren – auch eine Schande für den einstigen Fahrprüfer.

Scheese
Nicht mehr ganz neues Fabrikat. Taugt eigentlich nur noch zum Reinsetzen (französisch: *chaise* – Sessel) und nicht mehr zum Fahren.

Scheißkarre
Auto, das die Pannenstatistik anführt. Häufig bekräftigt der Fahrer dieses Schimpfwort mit einem Fußtritt gegen die *Scheißkarre* und legt damit schon ungewollt den Grundstein für die nächste Panne.

Schickeria-Schlitten
Nicht daß Sie denken, hier spricht der Neid des Besitzlosen – aber wenn so ein Luxusvehikel mal abhanden kommt, muß es einem nicht unbedingt leid tun. Das ist eben der Preis, »in« zu sein.

Schieberauto
1. In der früheren DDR jeder Kombi oder Pritschenwagen, weil man damit prima das auf volkseigenen Baustellen geklaute Baumaterial auf das Wochenendgrundstück transportieren konnte.
2. Zur Zeit der Alkohol-Prohibition in den USA frisierten

die Whiskey-Schmuggler ihre Autos auf, um den Polizeiwagen leichter davonzufahren. Als der Alkohol dann wieder legalisiert wurde, machten die nun arbeitslosen Schmuggler das beste aus ihrer Situation: Sie fuhren mit ihren Vehikeln Rennen. Daraus entwickelten sich die heutigen Stock-Car-Rennen; alles darf frisiert werden, nur der Motorblock muß aus der Serienproduktion (»Stock«) stammen.

Schikaneur
1. Stadtrat, der für den Bau von »verkehrsberuhigenden« Schikanen und Schwellen verantwortlich ist.
2. Stadtrat, der für den Bau von unsinnigen Ampeln verantwortlich ist.
3. Mensch, der für die Ampelschaltphasen verantwortlich ist.

Schinder
Wie gut, daß sein Auto keinen Schmerz fühlt ...

Schinderkarren
Einstmals das Transportgefährt zum Wegschaffen der Hingerichteten von der Richtstatt. Heute ein Auto, das vor zehn Jahren die letzte TÜV-Abnahme erlebt hat und irgendwann sicher samt Fahrer abtransportiert werden muß.

Schlaffi
Er kriegt und kriegt den Gang nicht rein ... Nur wegen dieser Diätkur!

Schlafmittel
Endlos gerade Straße mit Tempobegrenzung und Überholverbot.

Schlafmütze
Braucht immer erst ein Wecksignal (als besonders wirksam hat sich da die Hupe des Hintermannes erwiesen), ehe er das grüne Ampellicht als Aufforderung zum Losfahren kapiert.

Schlafwandler
»Ja, ja, Paul, bei dir fühl' ich mich sicher, du beherrschst das Autofahren wie im Schlafe, gell? Gell?! He, Paul! Wach auf!!!«

Schlaglochfüller
Mit an Sicherheit grenzender Wahrscheinlichkeit ein Kleinwagen. (In den neuen Bundesländern passen hin und wieder auch größere Autos in die Schlaglöcher.)

Schlaglochklopfer
Zu tief gelegter Opel Manta.

Schlamprich
Warum sein Auto so dreckig ist? Damit man den Rost und die Beulen nicht so sieht und damit es nicht so durch die Löcher zieht!

Schlawiner
Frechheit siegt, dachte er sich und bretterte trotz Rot über die Kreuzung – und Blitz!

Schleuder
Nicht mehr ganz neuer fahrbarer Untersatz mit ausgeleierten Stoßdämpfern. Vorsicht, kann zur *Schleuder ins Jenseits* werden.

Schlitten
Angeberauto. Siehe auch *Nobelhobel*.

Schluckspecht
Erst jede Menge schlucken und dann – mit dem Auto – kräftig gegen einen Baum hämmern!

Schmalspur-Casanova
Macht das Stoffverdeck seiner Ente zurück und glaubt jetzt, mit einem Cabrio vorzufahren. Da werden die Frauen mächtig drauf fliegen!

Schmidtchen Schleicher
Fährt ohne ersichtlichen Hinderungsgrund viel zu langsam. Vielleicht liegt's an den »elaschtischen Beinen«.

Schnapsglas
Hubraum von Mofas und Mopeds.

Schnapsnase
Muß nicht erst ins Röhrchen pusten – ihm sieht man's gleich an der Nasenspitze an.

Schnarcher
Freier am Autostrich.

Schnauferl
Oldtimer auf Bergtour.

Schnecke
Nicht immer sind es die fehlenden PS; oftmals liegt's am Fahrer.

Schneider
Der *Schneider* tritt in drei Formen auf: als *Kurvenschneider*, der in Linkskurven wegen der schnelleren Durchfahrt bis an den linken Kurvenrand zieht, um nicht am Ende rauszufliegen; als *Spurschneider*, der sich vor den Nebenmann drängelt (ohne zu blinken und auch über durchgezogene Linien); als *Vorfahrtschneider*, der trotz untergeordneter Priorität brutal in die Kreuzung einfährt oder rechts abbiegt.

Schnorrer
»K-k-k-kannst du mir mal k-k-k-kurz deine K-k-k-kiste borgen?«

Schoppenflitzer
Bei ihm rollt's nur, wenn er 2,5 Promille hat.

Schreckschraube
Katastrophal fahrende »alte Jungfer«. (Wenn ich da an Tante Lieselotte denke ...)

Schreibtischtäter
Da soll es doch Beamte geben, die eingezogene Führerscheine gegen viel Kohle wieder rausrücken ...

Schuhanzieher
Neben dem Korkenzieher das wichtigste Werkzeug für den ausgewachsenen Fahrer mancher Kleinwagen; beide Utensilien werden zum Einsteigen bzw. Aussteigen benötigt.

Schumacher-Verschnitt
Schnellfahrertyp, der auch noch kurz vor einer Rechtskurve seinen Vordermann klassisch ausbremst. So etwas würde Michael Schumacher sicher nur auf der Rennstrecke wagen, wo für solche Manöver Mut und keine Dummheit gefragt ist. Übrigens: Warum ist die HiFi-Anlage von Michael Schumacher ständig kaputt? – Weil er ab und zu an die Boxen fährt! (Nicht Schumacher, sondern der Witz hat nun auch schon einen Bart ...)

Schüssel
Jeder TÜV-Sachverständige würde mit einem Schock ins Krankenhaus eingeliefert werden müssen, wenn er diesen fahrenden Schrott mit einer Plakette versehen soll.

Schüttel
1. Der Einbau neuer Stoßdämpfers könnte im Falle dieses Autos den Fahrer von seinem unerklärlichen Zittern befreien.
2. Landläufig für Straßenbahn, die ja nicht selten in ausgeleierten Gleisbetten fahren muß.

Schweinehund
Zählt an Einmündungen »eins, zwei, drei – jetzt komme ich« die Autos ab und stößt in die nicht vorhandene Lücke. Nummer vier darf dann voll in die Eisen steigen.

SE
Mercedes-Benz-Typenkürzel für *sämtliche Extras.* Deren Zahl steht meistens noch davor.

Seemanns Windsbraut
Fortbewegungsmittel des Seemanns auf Landurlaub. Muß über verschiedene Extras verfügen: mit Sekt auf den Namen der Ehefrau des Eigners getauft (natürlich mit Namenszug am Bugspriet), Lenkrad rechts (weil dat Steuer nun mal an Steuerbord is), Dieselmotor hinten (weil 'n Schiffsdiesel nun mal achtern is), Klappverdeck (weil so 'n Brecher 'nen richtigen Seemann nich gleich von der Brücke reißt), statt gelbe Blinker und rote Rückleuchten originale Positionslichter (rot bei Kursänderung nach Backbord, grün nach Steuerbord, das Heck immer weiß befeuert), statt Hupe ein Nebelhorn – und dann immer 'ne Handbreit Aquaplaning unnerm Kiel!

Selten dummes Schwein
Zeigt einem statt des Mittelfingers den kleinen Finger.

Simpel
Hält einen 4-Zylinder-Motor für einen Adventskranz, weil er vier Kerzen hat.

Sitzenbleiber
Hat es in der Schule nicht bis zu der Klasse geschafft, in der der Physikunterricht beginnt. Denn *vor* dem Crash hätte es ihm bewußt sein müssen: Zwei Autos zur gleichen Zeit am gleichen Ort – das gibt es nicht!

Smiley
Macht immer ein freundliches Gesicht, wenn er von diesen eigenartigen Starkästen am Straßenrand fotografiert wird.

Sommerreifen-Kamikazefahrer
Diesmal hat er zu hoch gepokert, ohne Winterreifen über die kalte Jahreszeit zu kommen!

Spanner
Dreht sich nach jedem Rock um. Wehe, wenn sein Vordermann das gleiche tut und vor lauter Entzücken bremst ...

Specki
Speckige Sitzpolster, fettverschmiertes Lenkrad, klebrige Türgriffe, Öllappen im Handschuhfach, Werkzeug lose auf den Rücksitzen, Figerabdrücke auf den Scheiben, Fußabdrücke am Autohimmel, Dreckkruste auf der Karosserie.

Speedy Gonzalez
Dröööööööööööööööööööööööööööhn!

Speichenwärmer
Mofa. (Damit auch mal die Fahrer der Vierradfahrzeuge lästern können ...)

Spinner
Autofahrertyp, der einem am häufigsten begegnet. Kein Tag vergeht, an dem Sie im Straßenverkehr nicht verzweifelt ausrufen: »Der muß doch wohl spinnen!«

Spirituskocher
Noch ein Mofa.

Spitfire
Es muß zwar nicht sein, daß man ein Auto nach einem Jagdflugzeug aus dem zweiten Weltkrieg benennt, aber dennoch ist dieser Triumph-Zweisitzer ein Klassiker geworden. Und meistens fährt er ja auch nur und fliegt nicht. Viele Briten haben an ihrem Mini Cooper den Aufkleber »My other car is a Spitfire« dran und sparen damit im Vergleich zum renommiersüchtigen Deutschen das Geld für einen teuren Wagen.

Springer
Hüpf, hüpf, hüpf – jede Lücke ist meine! (Schneller kommt er zwar auch nicht voran, aber er glaubt's zumindest.)

Spritti
Zu voll zum Laufen – also fährt er.

Spritzer
Vierzehnjähriger mit Papis Auto auf Spritztour.

Stau-Experte
»Schimpfen Sie nicht über den Stau! Sie sind der Stau!«

Stau-Frau
Expertin für kilometerlange Staus, die am Montag beim Kaffeekränzchen wieder eine Menge Mitleid erfahren wird, wenn sie den anwesenden Damen erzählt: »Stellt euch nur vor, gestern war wieder ein riesiger Wochenendstau auf der Autobahn! Zum Glück war ich die erste ...« (Den Witz sandte uns K. Lau zu.)

Stehendes Verkehrshindernis
Hier muß klar unterschieden werden zwischen *stehengebliebenen* und *fest installierten Verkehrshindernissen*. Zur ersten Gruppe gehören Experten, die beim Anfahren noch nach Jahrzehnten nicht das Gefühl für die Kupplung haben oder die ihre Kiste verrotten lassen und an den unmöglichsten, engsten Straßenecken eine Panne erleiden. Zur zweiten Gruppe gehören überflüssige Ampeln (gleich läuft's besser, wenn sie nicht eingeschaltet sind), Spur-Enden auf Autobahnen (Verengungen von drei auf zwei Spuren), Fahrbahnanhebungen in Wohngegenden (da kann man sich manchmal so richtig den Auspufftopf zerbeulen), Mittelleitplanken (Gott sei Dank, stehen da welche!) und Baustellen (wobei manche Schlaglöcher so groß sind wie Baustellen und manche Baustellen schon so lange existieren wie Schlaglöcher).

Stier
Stiert immer nur auf den Tachometer, ob die Nadel immer schön am Anschlag ist.

Stiesel
Bei jeder seiner täglichen Fahrten fängt er eine neue Beule im Blech ein.

Stinker
Läßt erst zehn Minuten seinen Motor warmlaufen, ehe er losfährt. Fenster und Türen der Anwohner sind in dieser Zeit geschlossen zu halten; es besteht Vergiftungsgefahr!

Stinktier
Die einzige Chance, daß mal Frischluft in sein Auto kommt, besteht beim Ein- und Aussteigen.

Straßenkehrer
Bei ihm hängt beim Fahren noch der eingeklemmte Mantel aus der Tür – Straße sauber, Mantel dreckig. Man sollte ihn bei der Stadt anstellen!

Streithammel
Ist in seinen Schimpfkanonaden und Vorwürfen nicht zu bremsen, obwohl er an dem Bumser schuld hat.

Suffkopp
Schluckt 5 Liter Bier auf 100 km.

Super-Fahrer
Alleskönner hinterm Steuer, den weder die Beschimpfungen anderer Autofahrer noch die ständigen Mineralölsteuererhöhungen aus der Ruhe bringen. Sein Credo: »Was kümmern mich die ganzen Anfänger und die hohen Benzinpreise? Ich fahre sowieso SUPER!«

T

Tachoquäler
Hat nicht die leiseste Vermutung, wozu der Schalthebel dient.

Tagträumer
Äußerste Vorsicht! Wenn es ginge, würde er glatt durch Sie hindurchfahren ...

Talisman
Was da so alles vom Innenspiegel herunterbaumelt, hat manchmal schon die Ausmaße einer Schaufensterpuppe und die Schönheit einer Vogelspinne.

Tarzan
Wer viele Muskeln hat und nur so intelligent wie ein Pferd ist, braucht ein Auto mit vielen Pferdestärken, lautem Motor und kräftiger Melodiehupe.

Tattergreis
Keine drei Meter mehr laufen können, aber mit 200 Sachen BMW fahren.

Taube Nuß
Auch so einer, der den Führerschein nur dadurch bekommen hat, weil er den Prüfer kennt.

Taxifahrer
Wer tagtäglich mehr als acht Stunden hinterm Steuer zubringt, der muß doch einfach ungeheuer routiniert sein. Solch einem Vollprofi können doch überhaupt gar keine Fehler unterlaufen. So ein Allround-Talent – und sonst niemand – kann sich Vordrängeln, waghalsige Überholmanöver, zu schnelles Fahren in der Ortschaft (der Gurt ist dabei nur zur Dekoration im Auto) erlauben. Und nur solche auserwählte Verkehrsteilnehmer dürfen andere belehren, bei Widerspruch gegebenenfalls zusammenscheißen. (Zum Glück gibt's in der

Mehrheit rücksichtsvoll fahrende, nette und hilfsbereite Taxifahrer – die sollten sich aber mal ihre überheblichen Kollegen »zur Brust nehmen«!)

Terminator III
Arnold Schwarzentrecker ist: Der Amokfahrer aus der Gegenwart.

Testfahrer bei Matchbox
Das ist das Beste, was ihm passieren kann, ehe er noch größeren Schaden auf der Straße anrichtet.

Tiefflieger
1. Mit ihnen ist besonders bei Bergrennen und Rallies an den Kurvenaußenrändern zu rechnen – die meisten Zuschauer wissen das nur nicht.
2. Mit *geistigen Tieffliegern* ist allerdigs jeden Tag auf der Straße zu rechnen – die meisten merken es nur nicht.

Tierfreund
Bremst auch für Tiere. Die würden eigentlich lieber auf Autoabgase im Wald und Straßen durch den Wald verzichten.

Tölpel
Verwechselt ständig Kupplungs-, Gas- und Bremspedal, Blinker mit Scheibenwischer, Schalthebel mit Handbremse, 1. Gang mit Rückwärtsgang, links mit rechts, Vorfahrts- mit Stoppschild ...

Tomatenwilli
Also, irgend solche roten Dinger muß der doch wohl auf den Augen haben!

Torfkopp
Macht Norddeutschlands Straßen unsicher.

Torkel
Laufen kann er in diesem Zustand nicht mehr, nur noch fahren: Schlangenlinien.

Trabantfahrer
1. *Trabantfahrer* sind die härtesten Autofahrer, denn einen Benz fahren kann jeder.
2. Zu erkennen sind sie an den vernarbten Wangen, denn in der früheren DDR wurden jedem Trabifahrer die Mundwinkel eingeschnitten, damit sie »Mein Waaagen!« sagen konnten.

Trampel
Bedankt sich nie, wenn man ihm freundlich Zeichen gibt, um ihn vorzulassen.

Tranfunzel
Merkt es nicht, wenn man ihr freundlich Zeichen gibt, um sie vorzulassen. (Da hilft nur aussteigen und eine große Fahne schwenken.)

Träumer
Träumt ständig beim Fahren davon, daß Schalke 04 wieder Deutscher Fußballmeister wird, und scheint erst aufwachen zu wollen, wenn es soweit ist. Na, das kann dauern ...

Tretauto
Im Prinzip jedes Auto, denn in jedem sind Pedale.

Tripper
Falsch getippt! Er unternimmt nur gerne Trips mit seinem Auto!

Trödelfritze
Andere sind schneller am Ziel, wenn sie laufen würden.

Trottel
Auf Arbeit wie auch hinterm Steuer – manche packen's einfach nicht.

Tussi
Beifahrerin, die den Fahrer schon rein äußerlich vom Straßenverkehr ablenkt, weil er an einen ganz anderen Verkehr denken muß.

U

Überbreiter Schwertransport
Willkommene Abwechslung auf Urlaubsfahrten, weil man dann auch als Autofahrer genügend Zeit hat, die Landschaft zu genießen.

Überdachte Zündspule
Jeder Kleinwagen bis 1000 Kubikzentimeter.

U-Boot-Kapitän
Herr Ka-Leu auf geistiger Tauchstation. Seine Spezialität: Schleichfahrt.

Umstandskrämer
Auch nach dreißigjähriger Fahrpraxis ist der Lernprozeß noch nicht abgeschlossen: »Wie war das gleich? Muß ich jetzt vorwärts oder etwa doch rückwärts in die Parklücke?«

Umweltschoner
Fährt nie schneller als unbedingt nötig. Überholt auf der Autobahn einen 80 km/h schnellen Lkw mit 81 km/h, um nur ja nicht zuviel Schadstoffe auszustoßen. Die produziert dafür der Stau dahinter.

Unfreiwilliger Tramper
Einer, der mitten in der Pampa sein Auto an den Baum gesetzt hat.

Unschuldsengel
Beliebteste Rolle nach dem Bums. »Was? Ich soll nicht Grün gehabt haben? Ich bin noch nie bei Rot gefahren – ich weiß ja gar nicht, wie das aussieht!«

V

Vabanque-Fahrer
Spielernatur von der gefährlichsten Sorte: Fährt grundsätzlich bei Rot drüber, in Einbahnstraßen verkehrt ein, auf Autobahnen verkehrt auf, bei geschlossenen Bahnschranken durch – dabei gibt's überhaupt nichts zu gewinnen!

Vaterlandsloser Geselle
Kennt noch nicht die Vorschrift, ein Länderkennzeichen bei Grenzüberfahrt am Auto kleben zu haben – auch im vereinigten Europa. (Ist aber immer noch besser als ein Aufkleber »Ich binn stolts Doitcher zu säin!«)

Velozipedist
Ein Radfahrer – nichts weiter. Was dachten Sie denn?!

Verfahrenstechniker
Experte, der es immer wieder schafft, sich trotz Autokarte und Ausschilderung gründlich zu verfahren.

Verkehrsfunk
Informiert erst über den 20 Kilometer langen Stau, wenn er sich schon wieder fast aufgelöst hat.

Verkehrswachtel
Hat irgendwann einmal in der Schule schreiben gelernt und muß es nun ständig auf kleinen Zettel hinter dem Scheibenwischer beweisen.

Verrecker
Vehikel, das durch ständige Fehlzündungen akustisch auffällt.

Versager
Weder ein fahruntüchtiger Mensch noch ein fehlzündender Motor, sondern der Vergaser im Mechaniker-Jargon.

Volle Pulle
Nur den absoluten Profis vorbehaltene Fahrweise: Gaspedal bis zum Anschlag durchtreten, in dieser Stellung fixieren – da kommt Freude auf!

Vollgashirn
Ein hohler Schädel sollte besser wirklich nichts drin haben, als nur voll Gas(geberei) zu sein!

Vollidiot
Mit 120 durch die City – erst da kommt das richtige Lebensgefühl auf! Ab durch die Schallmauer – oder war's vielleicht doch die Hauswand?

Vordermann
Ist einem doch ständig im Wege!

Vorführwagen
Schnäppchen gemacht? Die Mängel kommen später.

Vorstadt-Fittipaldi
Glaubt fest daran, daß Geschwindigkeitskontrollen nur an Ortseingängen und in Innenstädten durchgeführt werden, und rast deshalb den ganzen Abend wie verrückt ums Häuserviereck.

W

Wanze
Ein Lotus ... weil er so platt ist. – Kleine Wanze: Buggy.

Waschlappen
Getraut sich nicht einmal, ein geparktes Auto zu überholen.

Wegelagerer
Als Tramper getarnte Autodiebe.

Werner
Beinharter Brösel-Verschnitt auf Beiwagenschüssel mit jeder Menge Bölkstoff bei – ächt goil!

Wilderer
Legt sich mit seinem Auto beim Verkehrsschild »Wildwechsel« auf die Lauer und wartet auf Hasen, Rehe und Wildschweine, die er dann schon als Wildgulasch mit nach Hause nehmen kann ...

Wildgewordene Konservendose
Mini Cooper im 4. Gang.

Wildsau
Fährt immer links, blinkt ständig links, kommt mit Lichthupe oder Dauerfernlicht daher, strebt 20 cm Sicherheitsabstand zum Vordermann an, quetscht sich mit 220 km/h zwischen Leitplanke und verschrecktem Autofahrer hindurch und telefoniert auch noch dabei. Autofabrikat jenseits der 60 000 DM.

Wild-West-Cowboy
So einer gehört ins (Auto-)Rodeo.

Windbeutel
Cabrio mit halb geöffneten Verdeck bei Höchstgeschwindigkeit.

Witzfigur
Ein Zweimeterzehn-/Hundertfünfzigkilomann im Mini Cooper oder aber eine Einmetervierzig-/Fünfunddreißigkilofrau im 600er Mercedes.

Wolf im Schafspelz
Auf der Arbeit ducken vor dem Chef, zu Hause spuren vor der Frau – aber hinterm Lenkrad mit Vollgas Frust abbauen.

Wrack
Da fragt man sich ernsthaft, wie das durch den TÜV gekommen ist!

Wucht auf Rädern . . .
Lieber mit einer Wucht auf Rädern fahren als mit einer Unwucht an den Reifen.

Wurzelsepp
Da sitzt doch gar keiner am Steuer – oder doch?!

Wutz
Nicht daß Sie glauben, sein Auto hätte Tarnanstrich – es wurde nur noch nie gewaschen.

X

Hier können Sie jedes *x-beliebige* Schimpfwort nehmen. Schicken *Sie* doch am besten dem Verlag die Autofahrer-Schimpfwörter mit »X«. Der Verleger soll versprochen haben, der fleißigste Einsender bekäme einen Platz im Guinness-Buch der Rekorde – entweder für den Erfindungsreichtum an Wortschöpfungen oder für den verdorbensten Wortschatz.

Y

Yeti
Hat seinen Führerschein offenbar im Himalaja gemacht.

Yuppie
Für die jungen erfolgreichen Städter von heute nur vom Feinsten: Markenklamotten, Champagner mit Austern und Pommes, Luxuskram und einen BMW 850, mit dem er die 300 Meter vom Penthouse bis zum Bankhouse fährt.

Z

Zangengeburt
Ein Begriff aus der makaberen Ecke: Wer einmal heil mit der Blechschere aus den Resten seinens Autos befreit wurde, kann an jenem Datum Geburtstag feiern.

Zänker
Wenn's gebumst hat, kann sich solch ein Typ einfach nicht beherrschen und fällt verbal über den anderen her, obwohl vielleicht er selbst schuld ist. Zumeist verwendet er auch noch unflätige, unqualifizierte, hier erst gar nicht aufgelistete Schimpfwörter. Also: Erst dieses Schimpfwörterbuch lesen, dann ... besser doch nicht schimpfen – wegen der Beleidigungsklage.

Zappelphilipp
Kind nach fünf Stunden ununterbrochener Autobahnfahrt.

Zecher
Lieber von der Zecherei als letzter heimfahren als in die Zeche als erster einfahren. (Vergessen Sie's am besten gleich wieder!)

Zehnkämpfer
Tritt in zehn (Un-)Disziplin(iertheit)en an: Kampftrinken vor Fahrtantritt, Falschparken, Zuschnellfahren, Rasen bei Glatteis, Rechtsüberholen, Überholen bei Gegenverkehr, Vorfahrtschneiden, Vollkontaktdrängeln, Einbahnstraßenentgegengesetztfahren, Geisterfahren.

Zinksarganwärter
Ob Wolkenbruch, Glatteis, Schlaglöcher – für ihn zählt nur Vollgas.

Zocker
Spielt mit seinem Leben und dem anderer. Ist aber oftmals derjenige der am Ende abkassiert wird.

Zombie
Clubvorsitzender der Scirocco-Freunde Kleinsaudorfs, der sich nach fünf überlebten Totalschäden immer noch nicht anschnallen will.

Zorro
Bekannt aus vielen Manta-und-Dämel-Filmen.

Zuhälter
Ist in der Regel leicht an seinem *Abschleppauto* (für Girls, nicht für Pannenopfer) zu erkennen: zumeist sehr teures Fabrikat mit viel Chrom und geiler Bemalung. Bevorzugt werden amerikanische Sportcoupés: Chevrolet Corvette und Camaro, Pontiac Firebird. (Für Brancheneinsteiger empfiehlt sich ein abgelegter Opel Manta oder ein japanischer Billigsportwagen.)

Zunder
Gibst du beim Anfahr'n richtig *Zunder*, ist das Profil recht bald herunter.

Zwiebelporsche
Muß immer geschoben werden – durch und vom Markt zum Parkplatz: der Einkaufswagen.

Vergessen Sie nicht:
Mit Freundlichkeit geht alles besser!

Warnung

Beschimpfen Sie andere Autofahrer nicht wirklich! Eindeutige Handzeichen sind genauso schlimm! Sonst haben Sie ganz schnell eine Beleidigungsklage am Hals, und das kann teuer werden! Also nehmen Sie es mit Humor und denken Sie sich Ihren Teil!

Tierische Autonamen

Die ersten Fortbewegungsmittel der Menschheit waren Tiere – daran hat sich bis heute nichts geändert.

Aiglon = franz. »junger Adler«
Luigi Colanis auf sieben Meter Länge ausgewachsener Chevrolet-Roadster (mit 5,4 Litern Hubraum ganz schön flügge) im Stile der 30er Jahre – absolut ohne Ecken und Kanten, an denen man sich blaue Flecken holen könnte; 1977 auf dem Frankfurter Salon präsentiert.

Batmobil = engl. »Batman's Automobil«
Raketenauto im Fledermaus-Look, 1989 von Hollywood Motors for Movies detailgetreu nach der Comic-Vorlage gebaut.

Beetle = engl. »Käfer«
So hieß in den USA der dort überaus erfolgreiche VW Käfer, falls er nicht auf den Namen »Herbie« hörte. VW hat übrigens Pläne, das verlustreiche USA-Geschäft mit einem äußerlich ähnlichen Auto – allerdings auf dem Stand der Technik von morgen – wieder in Schwung zu bringen, wie ein kleiner gelber Prototyp auf der Chicago Motor Show 93 verriet.

Bug = engl. »Wanze«
Das ist ein »Auto« aus der dreirädrigen Reliant-Bond-Typenreihe, u. a. bekannt durch den englischen Komiker Mister Bean, der dieses Gefährt mit seinem Mini Cooper aus besetzten Parklücken herausrammt.

Buggy = engl. »kleine Wanze«
Gelände- und strandgängiger offener Zwei- oder Viersitzer, ursprünglich als Spaßauto auf VW-Käfer-Basis entwickelt; Buggies werden in der Regel als Bausatz angeboten und sind beim Autocross in Massen anzutreffen.

Bulldog = engl. »Bulldogge«
1. Mit 600 PS (dank 5,3-Liter-Turbomotor) das zweitstärkste Auto, das je auf dem Markt zu haben war; 1981 von Aston Martin und Lagonda (England) auf Basis des AM L Mark I gebaut. Stärkstes und zugleich schnellstes mit Kat ausgerüstetes Auto – bereits für läppische DM 999.999,99 im Sonderangebot zu haben – ist der 1991 von Colani gestylte und von Lotec gefertigte Testa d'Oro mit Ferrari-V12-5,0-Liter-Turbomotor.
2. Der gute alte Lanz-Traktor.

Caimano = span. »Kaiman«
Nach dem südamerikanischen schmalschnäuzigen Alligator benannte Designstudie von Giugiaro auf Alfasud-Basis; wurde auf dem Turiner Autosalon 1971 als Schwachsinn bezeichnet, weil die Frontscheibe zu einer extrem flachen Kanzel geformt wurde, durch die man nicht mehr die Fahrbahn sehen konnte.

Chameleon = griech. »der sich geduckt und leise Anschleichende«
Kann zwar nicht die Farbe wechseln und so unbemerkt auch bei Rot über die Kreuzung huschen, kommt dafür aber ohne Batterie aus, da dieses englische Auto (ATM F16, 1983) zwei kleine Solarpaneels auf dem Dach hat. Daß man sich aber ausgerechnet in England auf die Sonnenenergie verlassen will! Das mit dem leisen Anschleichen bekäme dann einen neuen Sinn …

Chevy = am. »Schäfchen«
Amerikaner fahren nicht Chevrolet, sondern ihren Chevy.

Cobra = port. »Kupferne Natter«
1. A.C. Ford GT (1962), Roadster-Meisterwerk der Konstrukteurslegende Carol Shelby.
2. Ford Mustang Targa (1979). Beide waren nicht annähernd so giftig wie die Königskobra, die Targa-Version

(= abnehmbares Dach zwischen Frontscheibe und Überrollbügel) des Mustang auch hinsichtlich des Benzins nicht: Bleifrei und Kat waren in den USA in jenen Jahren schon längst eingeführt!

Cougar = am. »Puma, Silberlöwe«
Für damalige wie heutige Maßstäbe war der etwas zu schwer geratene Mercury aus der gleichnamigen, in den 70er Jahren mächtig abgespeckten amerikanischen Ford-Division alles andere als ein schlankes, attraktives Raubtier.

Delfino = ital. »Delphin«
Nicht schwimmfähig, aber atemberaubend schön: die 1983er Alfa-Romeo-GTV6-Version von Bertone. Leider wurden nur sehr wenige gebaut.

Deux Chevaux (Abk. 2CV) = franz. »zwei Pferde«
Eigenartigerweise ist dieser populäre Citroen-Typ in Deutschland als »Ente« eingeordnet worden; entweder haben die Deutschen im Biologie-Unterricht nicht aufgepaßt, oder die Franzosen beziehen sich auf zwei Pferdestärken ...

Eagle = engl. »Adler«
Sicher ein Alptraum, wenn dieser mit geschlossener Karosserie versehene AMC-Jeep über einer Schlucht kreist ...

Ente
Siehe *Deux Chevaux*.

Equus = lat. »Pferd«
Kaum zu vermuten, daß sich dahinter die britische, von Vauxhall 1979 vorgestellte Cabrio-Version des Opel Manta verbirgt.

Fuchs
Zumindest sein Schwanz gehört einfach an jede Opel-Manta-Antenne!

Hai
Falls Ihnen dieses gefährliche Geschoß (allerdings ohne spitze Rückenflosse) begegnet, kann es sich nur um einen zweisitzigen Vertreter aus dem Hause Monteverdi – einziger eigenständiger Schweizer Autohersteller – handeln.

Jaguar = indian./span. »Jäger im Wald«
Wenn's zum Rolls-Royce nicht gereicht hat ..., hieß es früher. Inzwischen bietet die Daimler-Division mit dem Majestic denselben Luxus. Als besonders schnelle wie teure »Raubkatze« präsentiert sich seit 1993 der Sportwagen XJ 220, abgeleitet aus dem Gruppe-C-Prototyp der Tom Walkinshaw Racing.

Käfer
VW Käfer gibt es ungefähr so viele wie jedes Jahr Marienkäfer, weshalb der in Frankreich auch *coccinelle* genannt wird. (Apropos Marienkäfer: Worin unterscheidet er sich vom Manta-Fahrer? – Richtig! Der Marienkäfer hat mehr Hirn, der Manta-Fahrer mehr Punkte ... in Flensburg.)

Lucciola = ital. »Glühwürmchen«
Lombardis Alltagsdesign für den Fiat 127 (1974, 1994), der wie jedes andere Auto im Dunkeln nur dann leuchtet, wenn die Scheinwerfer brennen oder der Fahrer eine Zigarette raucht.

Mangusta = port. »Schleichkatze«
Alles andere als ein schleichender Sportwagen von Alessandro de Tomaso.

Manta = lat./span. »Teufelsrochen«
Flach und geschmeidig gleiten diese Riesen durch die warmen Atlantikregionen – tiefergelegt und verunstaltet rasen manche Riesenmannis durch die lauwarmen deutschen Lande.

Miura = span. »Kampfstier«
Fahrer mit einem roten Auto sollten sich schleunigst verdrücken, wenn dieser rassige Lamborghini im Rückspiegel auftaucht.

Muletto = ital. »Eselchen«
So nennen die Italiener liebevoll ihren Ferrari. Da sage einer, die hätten keinen Humor!

Mustang = span./engl. »herrenloses Tier«
Der Mythos der verwilderten Pferde der spanischen Eroberer und europäischen Einwanderer Amerikas ließ den Ford Mustang in den 60er und 70er Jahren zum Kultauto der jungen Generation werden.

Orca = lat./span. »Mörderwal, Schwertwal«
Wollen wir hoffen, daß der Fahrer nicht ganz so aggressiv reagiert wie sein Auto – ein Fiat 131 mit Giugiaro-Karosserie (1983).

Panda = tibet. »Katzenbär, Bambusbär«
Treffender läßt sich das Beschleunigungsverhalten dieses kleinen Fiat nicht umschreiben.

Pantera = ital./lat. »große Katze«
Das Meisterstück von Alessandro de Tomaso.

Panther = engl./lat. »große Katze«
Bob Jankel baute 1980 für reiche Exzentriker den Panther-Six-Roadster mit vier lenkbaren Vorderrädern.

Pony Car
Abfällige Äußerung all der Amerikaner über den Ford Mustang, die sich dieses Auto nicht leisten konnten oder sich von der damit verbundenen Lebensart distanzieren wollten.

Ramarro = ital. »Smaragd-Eidechse«
Bertones 1985 preisgekrönte Chevrolet-Corvette-Kleinserie für amerikanische Playboys mit Vorliebe für smaragdgrüne Autos.

Scorpio = lat. »Skorpion«
Nichts stach damals besser: Nach dem Ford Scorpio (1985) schien den Limousinen-Designern jahrelang nichts mehr einzufallen ...

Stallone = ital. »Hengst«
Hat nichts mit Sylvester S. zu tun, der anfänglich mal als Hengst in Pornofilmen mitgewirkt hat. Der sich aufbäumende schwarze Hengst auf gelbem Grund – Gelb ist die Stadtfarbe von Modena – ist vielmehr das Wappentier des Conte Enrico Baracca, der 1923 in Savio dem jungen Enzo Ferrari das Wappen als Talisman auf die Karosserie malen ließ.

Stingray = engl. »Stachelrochen«
Amerikas einziger Sportwagen – Chevrolet Corvette – lief in den 60er und 70er Jahren u. a. als Stingray-Coupé vom Band. Bereits seit 1954 wird darunter der »American way of drive« verstanden.

Tiger = pers. »der Gestreifte«
Kein Autoname. Denn den hat man im Tank!

Topolino = ital. »Mäuschen«
So nennt Fiat seine beliebte 126er Zweitwagenreihe.

Tschaika = russ. »Möwe«
Einstmals sowjetische Staatskarosse, die aber auch in gar nichts an eine Möwe erinnerte, sondern vielmehr an einen aus einem Stück gefeilten Samowar für ein Panzerbataillon.

Viper = engl./lat. »Otter, Giftschlange«
Nachdem knapp 30 Jahre zuvor der letzte A.C. Cobra (siehe *Cobra*) mit 4,7-Liter-Ford-V8-Motor gebaut worden war, lebte die Ära der amerikanischen Kraftpaket-Roadster 1993 neu auf: Chrysler Viper RT/10 mit einem von Lamborghini auf Vordermann gebrachten 5-Liter-Chrysler-V10-Lkw-Motor. Resultat: Leider ist der Sound der 400 PS weder amerikanisch noch italienisch ...

So finden Sie im Ausland die passende Antwort

Damit Sie auch in Ihrem Auslandsurlaub oder auf Geschäftsreise über das nötige Vokabular verfügen oder zumindest verstehen, welche Nettigkeiten man sich im Ausland so an den Kopf wirft.

agojatis (griech.)
Der ist vielleicht nur in der Lage, einen *Esel* zu treiben, aber nie und nimmer ein Auto richtig zu fahren.

ahmak (türk.)
Bei aller Sympathie, es muß ein *Idiot* sein! Für einen solchen halten zumindest die Istanbuler die Pendler vom Umland.

bakamóno (japan.)
Auch im fernöstlichen Inselreich gibt es den *Idioten* im meist chaotischen Straßenverkehr. Übrigens: In Tokio würde man einen deutschen Stau noch als Raserei bezeichnen.

bestiame bovino (ital.)
Rindvieh. Damit kann ein in Mailand umherirrender Turiner belegt werden.

bloody (engl.)
Blutiger Anfänger. Sein internationales Erkennungsmerkmal: Abwürgen des Motors an der Ampel.

bonnet de nuit (franz.)
Bei aller Rücksichtslosigkeit sind die französischen Autofahrer zudem große *Schlafmützen*. Bis die merken, daß die Ampel grün zeigt, ist schon längst wieder Rotlicht angesagt. Steigerung: *grand dormeur*.

buco di culo (ital.)
Das *Arschloch* ist auch in Italien nicht unbekannt. Aber dort kommt der Fluch bestimmt von Herzen.

cieco (ital.)
Fährt wie ein *Blinder*: nach Gehör.

dormiglione (ital.)
Absolut *lahmarschiger Penner*. Wenn er in Neapel endlich eine Parklücke erspäht hat, wechselt ihr »Besitzer« in der Zeit zweimal.

drink-driver (engl.)
Über die Promillegrenze alkoholisierter Autofahrer. Aber auch hierzulande gilt: Don't drink and drive!

greenhorn (am.)
Grünschnabel. Ihm fehlt jegliche Fahrpraxis, und übers Lenkrad seines Riesenschlittens kann er ohnehin kaum schauen. In den USA darf man ja schon mit 16 die »licence« erwerben.

hooligan (engl.)
Seiner zerbeulten Kiste ist es egal, bei wem sie ständig aneckt. Es ist ja nicht seine.

kámi kazé (japan.)
Ob der sich als »Gott des Windes« angesprochen fühlt? Wohl eher als *lebensmüder Crashpilot*. (Vorsicht bei der Wortanwendung! Kamikaze-Flieger gelten in Japan nach wie vor als Helden, so daß Sie damit rechnen müssen, daß Ihr Verkehrspartner nach einer Verbeugung und einem mítsu bishí – einem »honigsüßen Lächeln« – Sie cool ins Land der Träume befördert.)

lourdaud (franz.)
Dieser *Tölpel* hat wohl seinen Führerschein in der Provence gemacht! So beschimpft man sich in den Städten der Cote d'Azur.

manjak (türk.)
Der fährt, als wäre er zum ersten Male in der Stadt.

rookie (am.)
Anfänger. In nordamerikanischen Rennserien (IndyCar, IMSA u. a.) ein Neuling; der erfolgreichste Einsteiger erhält einen Cup samt Titel *Rookie of the Year.*

rowdy (engl.)
Aus dem *Krachmacher* – so die Übersetzung – kann auch ein *crashmaker* werden, wenn er's übertreibt ...

shithead (engl.)
Statt der Verkehrsregeln hat der was anderes im Kopf.

shirí (japan.)
Das ist kein japanischer Schiedsrichter, sondern ein *Arschloch*. (Sorry, aber das ist nun mal das international gebräuchlichste Schimpfwort – Deutschland bildet da ja keine Ausnahme!)

testa rossa (ital.)
Als Ferrari-Typ bedeutet es »rote Pfeilspitze«, als Autofahrer *Hitzkopf* – weil er hochrot anläuft.

tonto (span.)
Er will das Autofahren einfach nicht lernen. Vorsicht, wenn Sie ihm begegnen sollten!

tortue (franz.), **tortuga** (span.), **turtle** (engl.)
Er fährt ungefähr so schnell, wie eine *Schildkröte* läuft.

trou du cul (franz.)
Klingt es nicht einfach vornehm auf französisch? Und doch heißt es nur *Arschloch.*

ushí (japan.)
Du *Lindvieh*, du gloßes! (Ja, auch in Japan gleifen Lindelwahnsinn um sich!)